루카 페리 글 | 마르코 타빌리오 그림 | 황지영 옮김

우주비행사에 대한 모든 것

누구도 알려준 적 없는 진짜 우주비행사 이야기

북스힐

우주비행사에 대한 모든 것

누구도 알려준 적 없는 진짜 우주비행사 이야기

초판 인쇄 2022년 01월 25일
초판 발행 2022년 01월 30일

지은이 | 루카 페리
그린이 | 마르코 타빌리오
옮긴이 | 황지영
펴낸이 | 조승식
펴낸곳 | ㈜도서출판 북스힐
등록 | 1998년 7월 28일 제22-457호
주소 | 서울시 강북구 한천로 153길 17
홈페이지 | www.bookshill.com
이메일 | bookshill@bookshill.com
전화 | 02-994-0071
팩스 | 02-994-0073

ISBN 979-11-5971-408-5
정가 12,000원

*잘못된 책은 구입하신 서점에서 교환해 드립니다.

차례

어서 이 글을 읽고 공유해줘,
누군가 우리를 가로막기 전에!

지금껏 살면서 한 번이라도 우주비행사를 꿈꾸지 않은 사람 있으면 손을 들어보자. 대기의 방해를 받지 않고 별들 관찰하기, 흑암에 잠긴 구슬 같은 태양 바라보기, 우주공간을 여기저기 자유롭게 날아다니기, 외계인이 만든 모래성을 밟고 달 위를 거닐기, 화성이나 다른 행성 탐험하기 같은 일들 말이야.

"우리 모두 한 번쯤은 이런 꿈을 꿔본 적 있잖아!"

시력이 좋지 않은 데다 색맹이며, 불량식품으로 끼니를 때우곤 하는 통통한 청년을 유럽우주국이 받아줄 리 없다는 현실을 깨달은 순간, 나는 천체물리학자가 되기로 결심했어. 그도 그럴 것이 지방 1kg을 우주로 보낼 때마다 수만 유로가 들거든…. 그래서 나는 생각했어. '내가 직접 우주에 가기 어렵다면 지구에서 탐험하면 되잖아!'

하지만 그 꿈은 가슴속 깊이 남아 있었나 봐. 그리고 수많은 사람들이 나처럼 우주탐험을 꿈으로 간직했으리라 믿어. 우주선을 타고 여행을 떠나는 상상을 해본 적 없다는 사람은 거의 못 봤으니까. "난 우주가 정말 싫어!"라고 말하는 사람은 정말 찾아보기 어렵더라고. 그런 사람을 만난다면 말이 안 통해서 고개를 절레절레하게 될 것 같아.

이 책은 너희처럼 평범하지만 무한한 가능성을 품고 있는 사람들을 위해 쓰였어. 지금까지 그 누구도 해내지 못한 것을 정복하려는 열망을 가지고서 여전히 꿈을 꾸는 사람들 말이야. 우주비행사가 나오는 영화라면 꼭 챙겨보는 이들, NASANational Aeronautics & Space Administration, 미국항공우주국와 ESAEuropean Space Agency, 유럽우주국, ROSCOSMOS러시아연방우주국의 계정을 팔로우하는 친구들이지.

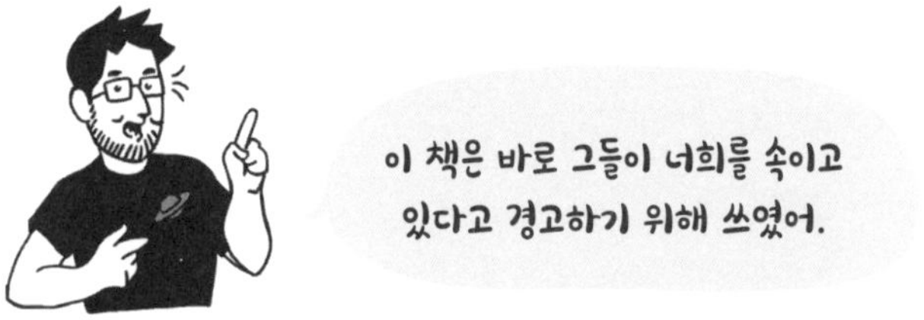

우주비행사가 되는 일이 세상에서 가장 흥미로운 직업이라고, 우주를 날아다니는 일보다 멋진 일은 없다고 믿게 만들 때, 또 그들이 단 한순간도 자신의 선택을 후회한 적 없다며 우주임무는 영원히 잊히지 않는 성과

라고 말할 때… 그들은 사실 너희를 속이고 있는 거야. 그 이유는 너희가 몰랐으면 하는 일들이 존재하기 때문이지. 그들은 절대로 말해주지 않겠지만.

나는 영화 매트릭스의 모피어스처럼 너희 같은 새싹 네오에게 설명하고 싶은 것이 있어. 진실을 숨기기 위해 너희 눈앞에 조작된 세계가 놓여 있다고!

어떤 진실이냐고?

너희 모두는 사실 네오처럼 노예라는 거야. 너희는 창살도, 벽도, 무엇보다 냄새도 없는 감옥에서 쇠사슬에 묶여 태어났어. 말하자면 생각의 감옥 같은 것이지. 이 책이 너희에게 생각의 감옥에서 탈출할 수 있는 마지막 기회가 될 거야. 만약 포기한다면 다른 기회는 영원히 오지 않을 테지.

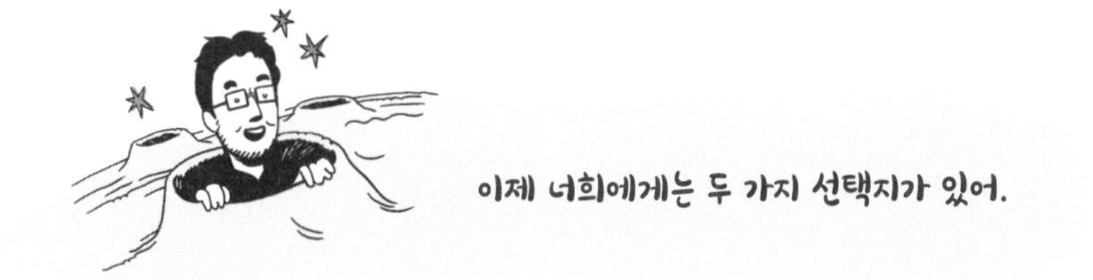

첫 번째 선택: 책을 덮어. 이야기는 끝났어. 너희는 내일 잠에서 깨어날 거야. 그리고 너희가 믿고 싶은 대로 믿으며 기저귀와 두꺼운 오븐장갑, 머리엔 금붕어 어항을 쓰고 우주를 탐험하길 바라겠지.

두 번째 선택: 책을 읽고 앨리스처럼 이상한 나라에 머무르면서 하얀 토끼 굴속에는 얼마나 많은 똥이 쌓여있는지 보게 될 거야.

나는 지금 너희에게 진실만을 제안하고 있음을 명심하도록 해. 선택은 너희의 몫이야.

1장

우주로 간 동물들

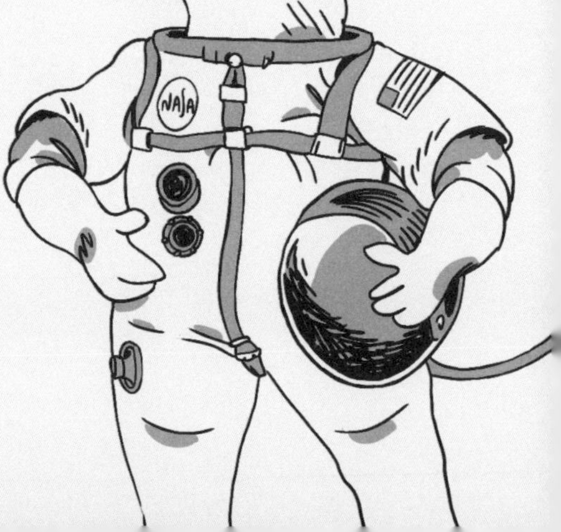

이름이 모든 것을 말해준다

우주비행사들(혹은 러시아 사람들이 부르는 '코즈모넛cosmonaut', 중국 사람들이 부르는 '타이코넛taikonaut')의 모험담을 좋아하는 우리는 거기에 등장하는 남자, 여자 주인공에 대해서 주로 이야기해. 하지만 최초로 우주를 비행하고 가장 위험한 임무에 참여한 이들은 인간이 아닌 동물과 식물, 곰팡이 그리고 세균 같은 생명체라는 사실을 자주 간과하고는 하지.

우주탐험을 시작한 초기에 과학자들은 인간이 우주에서 중력의 부재, 진공상태와 방사선을 견딜 수 있는지를 알 수 없었어. 그래서 인간을 보내기 전에 먼저 인간과 닮은 동물을 우주로 보내 우주선이 제대로 작동하는지를 시험하고, 생체에 입을 수 있는 피해가 있는지 연구하기로 했지.

사실 우주에 동물을 보내자는 생각은 18세기에 등장했는데, 열기구 같은 곳에 태워 보내자는 생각이 이후에 비행기로 발전한 거야. 1783년에 이르러 사람들은 새로운 형태의 열기구를 시험하게 되지.

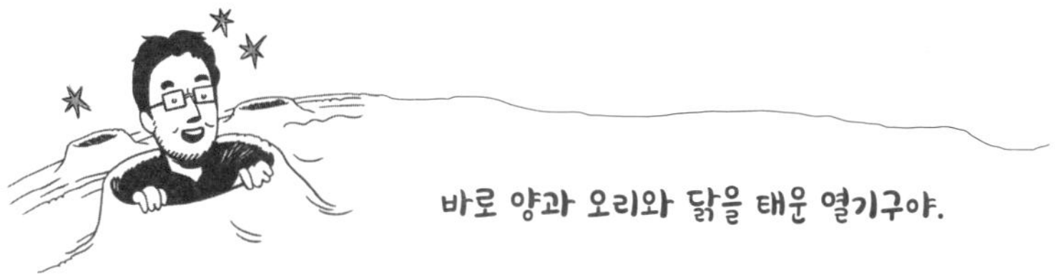

어쩌면 이건 어느 농장 마당에서 우연히 발견된 동물 조합이었을지도 몰라. 어찌됐든 이 실험은 성공적으로 끝났고 동물 삼총사는 3.2km를 비행한 후 무사히 착륙했어. 그렇다면 우주비행을 위해서는 어떤 동물들

이 선발되었을까? 무엇보다 어떤 동물이 최초로 우주를 다녀왔을까? 강아지? 고양이? 양? 혹은 닭이었을까?

얘들아, 나는 앞에서 '인간과 가장 닮은 동물'이라고 말했어. 침팬지 같은 동물이라고? 거의 그렇다고 해야 하나….

최초의 우주 동물은 초파리

정말이야.

1947년 2월 20일, 미국 뉴멕시코주 화이트 샌즈 기지에서 노랑초파리 몇 마리가 전쟁 때 독일에서 가져온 로켓 V2에 태워져 우주로 발사돼. V2는 원래 무기로 제작된 로켓이지만 그날은 성가신 벌레들을 태우고 그들의 겹눈을 통해 우주에서 지구를 최초로 관측하도록 해주었지. 정확히 말하자면 109km 높이에서 말이야.

낙하산 하나가 그들을 안전하게 지구로 다시 데려다주었고 이들은 땅에서 남은 몇 주간의 생애를 행복하고 만족스럽게 보냈어. 초파리는 보통 한두 달 정도 사니까… 매우 짧고 굵은 생애라 할 수 있지.

왜 하필 초파리냐고?

첫째, 로켓이 운반할 수 있는 무게는 크지 않은 데다 설계된 대로 움직여야 하는 캡슐 안에 커다란 내용물을 실을 순 없어. 그러니 초파리가 담긴 상자를 넣는 편이 훨씬 쉬울 거야.

둘째, 초파리는 아주 오래전부터 연구실에서 사용되어 왔어. 초파리를 키우고 전 생애를 연구하는 일이 빠르고 쉽기 때문이야. 게다가 인간의 질병을 유발하는 유전자의 3/4을 초파리들도 가지고 있기 때문에 우주공간의 방사선이 인간에게 해로운지 연구하기에는 아주 좋은 대상인 셈이지. 그래, 초파리는 우리가 생각하는 것보다 훨씬 더 우리를 닮았어. 인간과 초파리의 유전자는 무려 60% 이상 일치해! 인간과 바나나의 유전자 일치율도 비슷하지만 바나나가 병에 걸리는 형태는 인간과 좀 다르지….

바나나 이야기가 나와서 말인데 초파리로 용기를 얻은 미국인들은 이어서 원숭이에 전념하게 돼. 그리고 1948년 6월에는 같은 V2 로켓으로 화이트 샌즈 기지에서 앨버트라는 이름의 원숭이들을 우주로 보내기 시작하지. 좀 더 정확히 말하면 시도해보는 거야.

1948년 6월 11일, 앨버트 1세Albert I는 우주에 이르기 전에 캡슐 안에서 산소 부족으로 죽고 말아.

1949년 6월 14일, 앨버트 2세Albert II는 최초의 우주선 사령관이 돼. 그러나 안타깝게도 지구로 돌아오는 길에 땅에 충돌하여 사고를 당하지.

1949년 9월 16일, 앨버트 3세Albert III는 이륙하는 중에 로켓이 폭발하고 말아.

1949년 12월 8일, 앨버트 4세Albert IV는 착륙 도중 사고를 당해.

상황은 점점 안 좋아지기 시작해. 새로운 전략이 절실한 시점이야.

"동물을 바꿔보자!"

1951년 4월 18일, 앨버트 5세Albert V. 이번 앨버트는 원숭이가 아닌 생쥐야. 비행에 오르는 두 번째 쥐인 셈이지. 역사상 첫 번째로 비행한 쥐는 1950년 8월 31일에 우주로 보내진 이름 없는 쥐였는데 사고로 죽고 말았어.

생쥐 앨버트 역시 사고를 당하며 영광스럽게 앨버트들의 대를 이어나가.

"그렇다면, 이름을 바꿔보도록 하자!"

성공적인 우주비행을 위해 미국인들은 이번에 로켓과 기지도 함께 교체하기로 해.

1951년 9월 20일, 뉴멕시코주에 위치한 홀로먼 기지에서 에어로비 로켓은 요릭이란 이름의 원숭이와 생쥐 열한 마리를 태우고 출발해. 사실상 우주는 100km 이상을 가야 하지만 로켓은 고도 72km에 이르렀다가 무사히 지구에 착륙하지.

임무는 성공적이야. 앨버트란 이름 탓인지 실패를 거듭한 많은 동료들 이후 요릭은 처음으로 우주임무를 완수한 원숭이가 되었어. 하지만 직원들로부터 앨버트 6세로 불리게 되어서인지 요릭은 착륙한 지 2시간 후에 안타깝게도 합병증으로 숨지고 말아.

우주견

미국인들이 원숭이들과 계속 도전을 이어가는 동안 러시아인들은 생쥐, 들쥐, 토끼 발사에 이어 개들에게 주목했어. 그 이유는 비행 중에 원숭이들보다 침착하기 때문이야. 동물 '선발' 책임자들은 특히 수컷보다 '깔끔하고' 길들이기 쉬운 암컷 개들에게 주목했는데, 이들은 똥과 오줌을 덜 싸고 훈련하기가 수월해. 시험을 통과한 주인공들은 바로 길거리 생활을 하던 암캐들이었어. 열악한 환경에 익숙하고 생활력이 더 강하거든.

1951년과 1952년 사이에 소련 로켓 R-1은 총 아홉 마리의 개를 우주로 보내. 이들은 두 마리씩 짝지어져 밀폐된 컨테이너에 탑승하여 출발했고, 낙하산을 타고 지구로 돌아왔어.

최초의 우주탐사견들은 1951년 7월 22일에 출발한 데지크Dezik와 치간Tsygan, 떠돌이이야. 출발하기 전에 사람들은 이들을 쓰다듬으며 전쟁에 나가는 군인들에게 하듯 "꼭 승리하고 돌아와!"라며 인사했어. 그리고 정말로 그렇게 됐지.

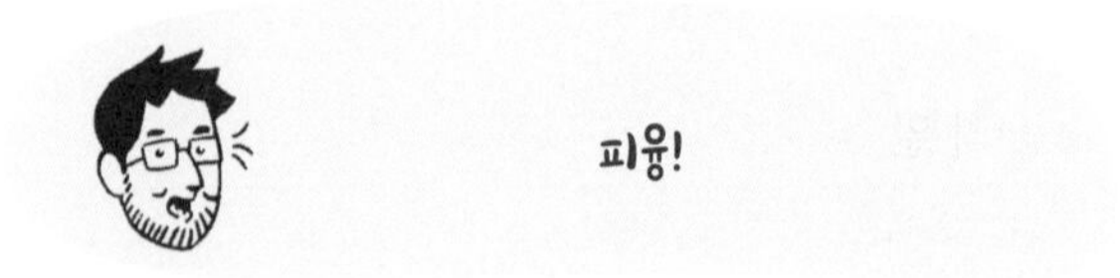

데지크는 일주일 후에 다시 리사Lisa, 여우와 함께 출발해. 하지만 낙하산이 제대로 펴지지 않았지. 이어서 말리스카Malyshka, 꼬마와 스메라이아Smelaya, 용감한 차례가 왔어. 스메라이아는 어찌나 용감했는지 우주선 발사 전날 도망가고 말아. 과학자들은 바로 주변을 수색해서 마침내 스메라이아를 찾아냈고, 억지로 로켓에 태워. 비행은 성공적이야.

다른 두 번의 비행이 있고 난 후 1951년 9월 15일, 여섯 번째 발사 차례가 왔어. 그런데 암캐 보빅Bobik, 여자경찰관이 자취를 감추고 말아. 주변 늑대들이 보빅을 잡아간 걸까?

다행히도 먹이를 찾아 헤매던 떠돌이 개 한 마리가 마침 구내식당 근처로 접근했어. 그 떠돌이 개는 우주임무의 일원이 아닐뿐더러 훈련되지도 않았지만, 러시아 사람들은 이륙해야 하는 로켓에 탑승견 한 마리가 사라진 상황이었기에 그냥 잡아서 태워버리지. 사람들은 그 개를 '사라진 보빅의 대역'이란 글자를 따서 집ZIB이라 부르기로 해. 불쌍한 집은 그때까지 휴지통만 뒤지고 다니다 뜬금없이 우주로 향하는 깡통 안에 들어가게 된 거야. 다행히 집은 무사히 지구로 돌아와. 아마 그 식당 근처에는 그 후로 얼씬도 하지 않았을걸?

그런데 역사상 가장 유명한 개는 따로 있어. 1957년 10월 4일, 소련 로켓 세묘르카Semërka는 인류 역사상 최초의 인공위성을 궤도로 보내. 그러니까 이제 지구에서 우주만 오가는 것이 아니라 우리 지구 주위를 돌기 시작한 거야.

이것이 바로 '여행의 동반자'라는 뜻의 '위성' 스푸트니크 1호Sputnik 1야. 지름 58cm의 알루미늄 공에 네 개의 기다란 안테나가 달린 이 위성이 하는 일이라곤 '빕-빕!'뿐이지. 하지만 소련의 눈부신 발전에 당황한 미국인들을 시간으로 앞지르기에는 충분하고도 남아.

1957년 11월 3일, 미국이 아직 어떻게 할지 생각하는 동안 러시아는 개를 태운 스푸트니크 2호를 궤도로 보내. 모두들 그 개를 라이카로 알고 있지만 사실 라이카(짖는 강아지)는 러시아 사람들이 견종을 부르는 이름이고, 그 개의 실제 이름은 쿠드랴프카Kudrjavka, 곱슬머리야.

급하게 훈련을 받은 후 쿠드랴프카는 스푸트니크에 탑승해. 집으로 돌아올 가능성은 희박하지만. 우주선은 개가 최대한 오래 살아남을 수 있는 정도의 장비만 갖추었어. 공식적으로 쿠드랴프카는 4일 이상 생존했다고 알려져 있는데, 실제로는 여행 스트레스와 고장으로 인한 기기 과열 때문에 몇 시간 만에 세상을 떠났다고 해.

한편 미국에서는…

온 세상 사람들이 미국의 다음 도전을 기다리고 있어. 하지만 어떤 소식도 들리지 않아. 그들이 도전하지 않았다기보다는 할 수가 없었던 거야.

시간이 지나 유능한 생쥐MIA, Mouse in Able 프로젝트가 탄생하면서 1958년 4월부터 1959년 9월까지 서른 마리 정도의 쥐가 우주로 보내져. 하지만 거의 모두 죽고 말지. 우주선이 폭발하거나 바다에 빠져서, 또는 유해물질을 갉아먹거나 습도계 센서 위에 오줌을 싸는 등 원인은 다양했어.

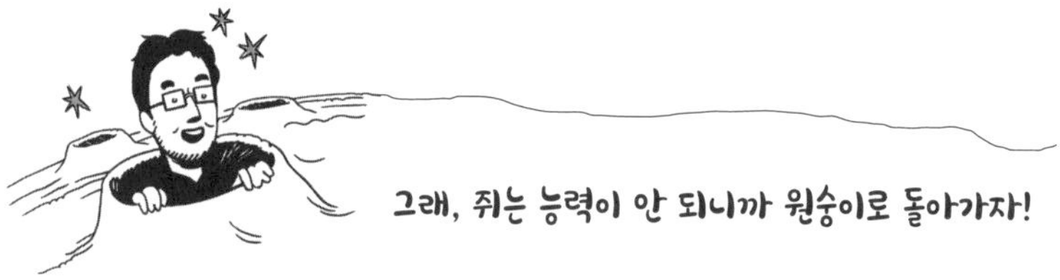

1958년 12월 13일, 라이카 이후 13개월 만에 미국인들은 주피터 로켓에 고르도Gordo, 스페인어로 '뚱뚱한'라는 이름의 다람쥐원숭이를 태워 고도 1,000km까지 쏘아 올려. 그리고 고르도가 탄 캡슐은 대서양에 착수하지.

부양장치가 제대로 작동하지 않았는지 캡슐은 안타깝게도 영원히 자취를 감추고 말아. 그런데 우주임무 담당 의사들은 고르도 몸에 부착된 센서를 통해 전달받은 정보를 바탕으로 호흡과 맥박을 분석하며 건강하다고 말해. 사실은 익사하는 중이었는데 말이야.

1959년 5월 28일. 붉은털원숭이 에이블Able, 유능한과 다람쥐원숭이 베이커가 무사히 임무를 마치고 돌아와.

"마침내 해냈어요! 에이블이 정말 자신의 유능함을 보여줬어요! 이제 몸에 붙이고 있던 센서를 떼어주고 누려 마땅한 휴식을 즐기도록 해 줍시다."

안타깝게도 에이블은 수술대 위에서 마취 부작용으로 세상을 떠나고 말아.

우주 발사는 계속 진행돼. 어떤 것들은 성공하지만 그저 그런 것들도 있어. 특히 생쥐가 탑승한 우주 발사는 엉망진창이야. 이 분야에서 설치류는 정말 취약인가 봐.

한편 소련에서는 개를 투입한 실험이 계속되고 있어. 1960년 7월 28일, 암캐 차이카Chayka, 갈매기와 리시치카Lisichka, 아기여우로 최초의 러시아 우주비행사를 지구 궤도로 보내줄 보스토크 우주선의 프로토타입을 실험하지. 하지만 발사 단계에서 로켓이 폭발하고 말아.

8월 19일, 소련은 암캐 벨카Belka, 다람쥐와 스트렐카Strelka, 작은 화살, 회색 토끼, 생쥐 마흔 마리, 들쥐 두 마리, 초파리와 식물이 든 상자 열다섯 개를 우주로 보내기 위해 스푸트니크 5호를 선택해. 한마디로 동물원을 우주로 보낸 셈이야.

비행은 성공적이야. 벨카와 스트렐카는 지구 궤도 여행에서 살아 돌아온 최초의 개들이 되었어. 매우 건강했던 스트렐카는 얼마 후에 새끼 여섯 마리도 출산했는데, 그중 한 마리가 미국 대통령 존 F. 케네디에게 자녀들을 위한 선물로 전달돼. 그러나 케네디는 그 선물을 썩 유쾌하게 받아들이지 않았지.

1961년 3월까지 러시아는 네 번의 로켓을 발사하며 마멋 한 마리도 포함해 많은 동물을 보냈어. 우주 발사는 한 번을 제외하고 모두 성공해. 아무래도 소련이 최초의 인간을 우주로 보낼 준비를 마친 것 같아. 하지만 이 내용은 나중에 더 자세히 다루도록 할게.

그동안 미국은 첫 번째 우주비행사를 보낼 준비를 이미 끝냈어. 그 비행사가 인간이 아닌, 카메룬에서 태어난 침팬지이긴 하지만.

미국 시민권까지 받은 그 침팬지의 이름은 햄HAM이야. '소금에 절인 돼지고기'란 뜻이지. 사실 이 이름은 그가 훈련받은 센터 이름의 앞 글자를 따서 지은 거야.

햄은 단순한 탑승객이 아니야. 레버를 당기고 소리나 깜박이는 불빛 신호에 반응할 줄 아는, 완벽한 우주비행사지. 햄은 정답을 맞힐 때마다 보상으로 바나나를 받고 답을 틀리면 발에 전기 충격을 받았어. 매우 정밀한 시스템이야. 그렇지 않아?

1961년 1월 31일, 햄은 머큐리 레드스톤 로켓에 올라타. 미국인들이 아직 궤도 비행하는 방법을 몰랐기에 햄은 지구 주위를 한 바퀴 돌지는 않아. 위로 발사되어 다시 아래로 떨어지지.

기술적인 문제로 원래 비행 계획보다 고도 그리고 특히 속도가 많이 변경돼. 심한 충격도 입게 되지. 다행히도 햄은 커다란 후유증 없이 살아남아. 그리고 지구에 돌아와서 유명해지는 것은 물론, 포상으로 사과까지 선물 받아.

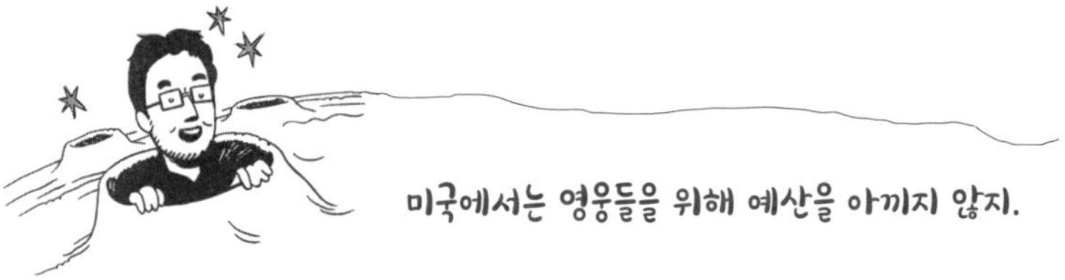

이어서 운이 나쁜 원숭이 세 마리가 등장하는데 공중 혹은 바다 깊은 곳에서 사라지고 말아. 그리고 에노스 차례가 와. 1961년 11월 29일, 머큐리 아틀라스 로켓에 오른 그는 지구 궤도를 비행하는 최초의 침팬지가 돼. 최초의 미국 동물이기도 하고. 원래 계획은 지구 주위를 세 바퀴 도는 것이었지만 1시간 28분이 지난 두 번째 궤도 비행에서 임무를 포기하기로 결정돼. 제어 시스템 하나가 제대로 작동하지 않는 바람에 캡슐이 가열되고 부품 고장으로 인해 에노스에게 전기 충격이 가해졌거든. 그냥 한두 번이 아니라 지상에서 임무 포기를 결정하기까지 무려 76번이나 받는다고!

위급한 상황에서 가장 중요한 것은 올바른 판단을 신속하게 내리는 거야. 이런 수난에도 불구하고 에노스는 무사히 착륙해. 머큐리호도 그럭저럭 잘 따라주었고. 어쨌거나 말이야….

세 번째
(그리고 네 번째)
방해꾼

우주탐사에 나선 나라로 소련과 미국만 있었던 건 아니야. 1961년 2월 22일, 프랑스는 우주로 동물을 보낸 세 번째 나라가 돼. 행운의 주인공은 바

로 들쥐야. 우주복을 입은 이 헥터라는 이름의 친구, 정말 귀엽지?

이듬해 이들은 또 다른 쥐 두 마리를 우주로 보내. 하지만 프랑스 사람들에게 들쥐란, 자신들에게 어울리는 고상한 동물이 아니었나 봐. 프랑스인들은 베로니크Véronique라는 이름의 로켓에 보다 우아하고 귀여운 동물을 태우고 싶어 해. 이를테면 고양이 같은 동물 말이야.

1963년에 프랑스 사람들은 길고양이 열네 마리를 훈련시키기 시작해. 그중 여섯 마리가 훈련을 통과하고.

첫 번째 비행에는 파리 거리에서 구조된 하얀 털에 검은 무늬 고양이가 선발돼. 펠리세트Félicette라는 이름의 고양이인데 20세기 초반에 꽤 유명했던 만화 주인공, '고양이 펠릭스'를 기리기 위함이야.

1963년 10월 18일, 펠리세트는 우아한 자태로 고도 157km까지 이르러. 폭풍 같은 하강에도 불구하고 고양이는 무사히 지구로 돌아오지. 몇 달 동안 몸에 별다른 이상은 없는지 지켜본 후… 사람들은 펠리세트를 안락

사시켜. 저런…

비행 중에 혼자 죽어서 일부러 죽일 필요가 없었던… 고양이 한 마리를 더 떠나보낸 후 프랑스인들도 원숭이로 넘어가. 마르티느Martine와 피에레트Pierrette라는 이름의 두 원숭이는 1967년 3월에 매우 성공적으로 우주에 도착해.

중국도 가만히 보고만 있지 않아. 1964년과 1966년 사이에 생쥐, 들쥐, 개를 우주로 보내지. 하지만 진짜 경기는 러시아와 미국이 계속해서 이어나가.

1966년 2월 22일, 소련에서 암캐 베테로크Veterok, 작은바람와 유골리요크Ugolyok, 작은 석탄조각가 코스모스 110호 임무 수행을 위해 떠나. 과학자들의 목표는 우주에 긴 시간 머무는 동안 방사선의 영향을 연구하는 거야.

개들이 우주에서 머물다 무사히 돌아온 22일이라는 기간은 오늘날까지도 기록적인 수치야. 인간은 그로부터 8년 후인 1974년 6월이 되어서야 이를 넘어서는 데 성공해. 스카이랩 정거장에 머무는 스카이랩 2호 임무를 통해서 말이야.

1968년 9월 15일, 소련은 네 번의 실패 끝에 탐사용 로켓 존드 5호Zond 5를 발사해. 스푸트니크 5호가 동물원이었다면 존드 5호는 노아의 방주야. 초파리 알, 밀, 보리, 콩, 당근, 토마토 씨앗, 야생화 표본, 해초, 세균과 벌레들이 가득했으니까. 특히 그중에는 거북이 두 마리도 포함되어 있었는데, 1968년 9월 18일에 이 우주 거북이들은 달 주위를 비행하며 그 숨겨진 면을 최초로 관측한 생물이 돼. 대성공이지!

반면 거의 동일하게 진행된 다음 임무, 즉 존드 6호는 처참한 실패로 끝나. 달에서 돌아오는 중에 선실이 파손되거든.

그래도 둘 중 한 번은 좋은 결과가 있었어.

미국도 노아의 방주 놀이를 시작하여 1966년과 1969년 사이에 세 개의 생물위성Biosatellite을 쏘아 올려. 곤충, 개구리알, 미생물, 식물, 여우원숭이처럼 서로 전혀 상관없어 보이는 승객을 태운 채 말이야. 한 종류만 보내는 것은 옳지 않다고 생각했나 봐.

"자, 드디어 이제 인간을 달에 보낼 준비가 끝났어!"

그리고 정말로 그 일을 해낼 거야! 더 자세한 이야기가 궁금하다면 책의 마지막 장까지 좀 기다려줘.

달 착륙 이후의 우주 동물들

인간의 달 착륙 이후, 동물과 다른 생물의 역할은 우선순위에서 밀려나. 그럼에도 불구하고 달 착륙 이래 지금까지 동물들(원숭이, 거북이, 들쥐, 토끼, 마멋, 물고기, 개구리, 올챙이, 소라, 개미, 전갈, 지렁이, 바퀴벌레, 달팽이, 나비와 해파리, 그리고 이외에 아메바, 해초, 잡초, 곰팡이, 씨앗, 세포, 메추리알 등)은 다양한 국적의 임무에서 우주로의 비행을 계속해왔어.

최고 기록은 1998년 4월 17일에 우주왕복선 컬럼비아호Columbia에 오른 비행사 7명과 2,000개의 생명체들이 16일에 걸쳐 진행된 STS-90 임무 비행 때 세워져. 하지만 이런 우주임무는 더 이상 뉴스거리가 되지 않아.

마지막으로 화제를 불러일으킨 건 아폴로호의 마지막 비행 중 하나로,

1973년 7월 28일에 발사된 스카이랩 3호의 임무야. 여기에는 우주비행사 외에 아니타Anita와 아라벨라Arabella라는 유럽 정원거미가 함께 탑승하여 59일 동안 우주로 보내져. 왜냐고? 중력이 없어도 거미가 거미줄을 칠 수 있는지 알아보기 위함이지. 그래서 정답은? 불가능해.

처음 며칠 동안은 거미줄이 삐뚤빼뚤해. 이후 거미들이 환경에 적응하여 알맞은 거미줄을 만들기 시작하기까지는 더 많은 시간이 걸리지. 하지만 놀라운 사실이 발견돼! 우주에서 만든 거미줄은 더 두껍고 품질도 뛰어나다는 점이야. 그렇다고 거미가 우주에서 자신의 능력을 향상시킨 유일한 동물은 아니야. 팔다리가 다시 자라나는 양서류에 속한 도롱뇽은 지구보다 우주에서 훨씬 빠른 속도로 사지를 재생시키거든.

안타깝게도 아니타와 아라벨라는 임무 도중 죽고 말아. 거미는 우주에서 거미줄을 만들 수는 있지만 물은 마실 수 없기 때문이지.

오늘날에도 우주 실험에 동물이 활용되고 있지만 과거보다는 훨씬 좋은 대우를 받고 있다고 할 수 있어. 다행히도 말이야.

하지만 중국 탐사용 로켓 창어 4호Chang'e 4에 탑승한 누에는 예외였어. 이들은 2019년 1월 3일에 달로 보내졌는데 얼어 죽고 말았거든. 감자를 비롯한 다른 식물과 함께….

1997년 1월, 원숭이 멀틱Multik의 죽음 이후 사람들은 제대로 기획되지 않은 임무에 단지 시간을 벌고자 동물들을 줄지어 희생시키는 일이 옳지 않다고 생각하기 시작했어. 이처럼 가슴 아픈 희생도 있었지만 최근 70년 동안 이 동물들은 과학자들이 혼자서 알아낼 수 있는 것보다 훨씬 많은 가르침을 주었다는 점을 기억해야 해. 또한 이들은 어떤 인간도 수행하지 못했을 임무를 대신하며 수많은 인간의 생명을 구했지.

동물 친구들은 인류의 기술 발전에 목숨을 바치면서 인간이 우주로 뻗어나가도록 길을 다지고 오늘날 우리가 일상생활에서 사용하는 기술들을 개발할 수 있도록 해주었어. 때문에 우리가 그들에게 할 수 있는 건 고맙다는 인사뿐이야.

라이카(쿠드랴프카) 엔딩 크레딧 뒤에 숨겨진 결말!

2장

최초의 인간

폭풍 같은 귀환

보통 우주여행을 생각할 때 우리는 우주공간에 머무는 단계가 가장 어렵다고 믿는 경향이 있어. 물론 이것도 매우 위험한 과정이야. 우주비행사들은 혼자이며 집에서 수천 킬로미터 떨어져 있고, 누구도 그들을 물리적으로 돕거나 구할 수 없어. 그런데 출발 과정에서도 수많은 문제가 일어나. 그 순간에는 앨버트 3세 때처럼 로켓이 폭발하는 경우를 제외하더라도 다양한 사고가 일어날 수 있어.

1969년 11월 14일. 아폴로 12호는 인류의 두 번째 달 착륙 준비를 마쳤어. 높이가 110m에 달하는 로켓이 지면에서 떨어져 36.5초 동안 힘차게 하늘로 날아오르지. 그러나 정통으로 번개를 맞으면서 모든 전기 시스템이 걷잡을 수 없는 상태가 되고 말아. 공포와 혼란의 순간이야. 미 우주비행사 찰스 콘라드Charles Conrad와 리처드 골든Richard Gordon 그리고 앨런 빈Alan Bean은 조종석에 켜진 200개의 비상 버튼 중 도대체 어디를 봐야 할지 모르겠어. 설상가상으로 15.5초가 지나자 로켓은 또 한 번의 번개를 맞고 말아.

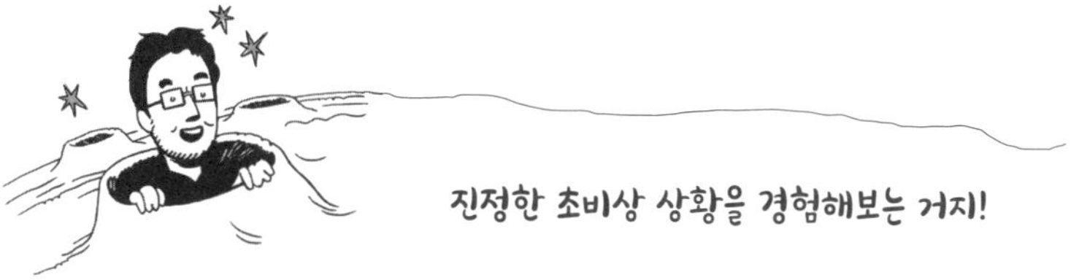

관제소에서 모두가 임무를 중단하고 비행사들을 구할 방법을 찾는 동안 누군가가 시스템 전체를 리셋시키고 모든 빨강 불을 끌 수 있는 스위치가 있다는 사실을 기억해내. 그리고 다행히도 우주임무는 다시 올바른 방

향으로 흘러가기 시작해.

소유스 MS-10에 오른 러시아 우주비행사 알렉세이 오브치닌Aleksej Ovčinin과 미국인 닉 헤이그Nick Hague의 상황은 좀 더 심각해. 2018년 10월 11일, 그들은 이미 출발 단계에서부터 기계 고장에 맞닥뜨리게 되거든. 이들은 할 수 없이 로켓이 붕괴되는 동안 우주선을 분리시켜 비상 착륙을 하게 돼.

출발만 잘 넘기면 남은 과정은 내리막길처럼 순탄할 거라는 생각은 큰 오산이야! 정상적인 비행 과정을 밟을 때에도 착륙은 가장 조심스러운 순간 중 하나이니까.

이탈리아 우주비행사 파올로 네스폴리Paolo Nespoli는 우주여행에 총 세 번 참여했는데, 그중 두 번은 소유스Sojuz 우주선을 탔어. 그는 착륙 과정을 매우 실감나게 묘사했어.

네스폴리가 과장된 표현을 썼을지도 모르니 다른 전문가 의견도 들어 보도록 하자. 이탈리아 우주비행사 로베르토 비토리Roberto Vittori도 우주에 세 번 다녀왔고 그중 두 번은 소유스 우주선을 탔어. 비토리는 러시아 우주선이 착륙할 때와 가장 비슷한 느낌은 시속 200km로 고속도로 가드레일에 정면 추돌하는 거라고 말했어. 말 그대로 '끝내주는' 느낌이겠지.

그리고 모든 일이 잘 풀렸을 때 경험하는 게 이 정도라는 거야. 하지만 제대로 되는 일이 하나 없을 때도 있잖아?

푸른 행성의 발견

1961년 4월 12일, 모스크바 시각 오전 9시 7분. 카자흐스탄의 도시 바이코누르Baikonur에서는 27세의 러시아 시험비행 조종사인 유리 가가린Yurii Gagarin이 5톤에 육박하는 기계에 묶여 있어. 우주선 이름은 '동방'이야. 흥분에 찬 몇 시간이 지나고 이제는 적막이 흐르고 있어. 모두가 좀 긴장한 상황이거든. 유리는 마법의 단어를 외쳐.

"Pojechali!(가자!)"

이제 이륙하는 거야.

가가린은 비행기들을 처음으로 시험하는 일에 매우 익숙해. 하지만 코드명 kedr히말라야삼목의 이번 임무는 그냥 평범한 비행이 아니야. 동방호는 날개가 없어. 구체 모양이야. 동방호, 혹은 러시아 말로 보스토크Vostok는 하늘을 나는 것이 아니라 우주로 가야 해. 유리의 마음이 결코 편할 수만은 없는 이유지.

이틀 전 그는 이발을 하고 아내 발렌티나Valentina와 두 딸인 2살 옐레나Yelena와 태어난 지 43일밖에 되지 않은 갈리나Galina에게 편지를 썼어. 무슨 일이 생길 때를 대비해서 말이야.

그의 두 동료는 가가린이 사망할 경우를 대비해 방송할 엄숙한 메시지도 녹음했어. 두 사람 모두 지상에 남아 있는 것을 탐탁지 않게 여겼으므로 유리를 조롱하고 싶었을지도 몰라. 하지만 가가린이 신경 쓰이는 건 그게 아니야.

그는 매우 평온하게 하루를 시작해. 오전 5시 30분에 일어나 운동을 하고, 샤워 후에는 다진 고기와 블랙베리 잼 그리고 커피로 아침식사를 하지. 사람마다 취향이 다르다지만… 여기에 샴페인을 곁들이다니! 고기, 블랙베리 잼과 함께 먹는 샴페인은 가가린에게 그야말로 천상의 맛이야.

발사대로 가는 버스에 오르기 전 그는 숙소 문에 사인을 남겨. 호텔 직원들은 얼마나 황당할까!

차를 타고 가던 중 유리는 소변을 보기 위해 차를 세워 달라고 해. 그리고 버스 뒷바퀴에 오줌을 누지. 버스 기사님은 얼마나 짜증날까!

가가린은 비행 전 이발하기, 샴페인 마시기, 숙소 문에 사인 남기기와 버스 바퀴에 오줌 싸기 같은 자신의 행동들이 오늘날 소유스 비행사들에게 나쁜 기운을 내쫓는 필수 의식이 될 줄은 몰랐을 거야.

가가린이 묵었던 호텔 직원

가가린의 버스 운전기사

어쨌든 여기까지는 모든 일이 순조로워. 유리의 심장박동은 분당 64회로 매우 평온해. 반면 그의 뒤에 있는 소련 우주계획의 수장 세르게이 코롤료프Sergej Korolëv는 이미 청심환을 한 알 먹었어.

그때 갑자기 무언가가 가가린의 평온을 깨뜨려. 문 폐쇄장치 제어 버튼에서 경보음이 울리고 있어. 뭔가 잘못된 거야.

출발 20분 전에 한 엔지니어는 혹시 사고가 나서 예상치 못한 곳에 착륙하게 될 경우, 누군가 가가린을 적군 혹은 더 이상한 존재로 오해할지도 모른다는 의문을 품게 돼. 그래서 헬멧에 부리나케 'CCCP키릴 문자로 소비에트 사회주의 공화국 연방'라는 글자를 써.

유리는 원래 직접 조종하며 비행하는 데 익숙한 사람이야. 그런데 이번 비행은 땅에서 자동으로 운영한다고 하니 심기가 불편한 상태지. 무중력 상태에서 인간이 어떤 기분인지 아는 사람이 땅에는 아무도 없어. 불평 대신 유리는 응급상황에서 우주선을 수동으로 가동할 수 있는 세 자리 숫자로 된 특별한 코드를 받아내지. 하지만 그 코드는 봉투 안에 봉인되어 있고 우주선이 지구로 돌아왔을 때 아무도 열어보지 않았는지 확인할 거야. 열어봤다가는 정말 큰일 나. 이륙 직전, 그를 불쌍히 여긴 한 엔지니어는 가가린에게 다가가 귓속말로 코드를 알려줘.

"알고 있네 친구, 자네가 벌써 이걸 일러준 세 번째 사람이야."라고 유리는 엔지니어에게 대답하지. 하지만 그 코드를 사용할 일은 결코 없을 거야. 유리는 지구를 한 바퀴 돌고 시속 27,400km로 땅에서 302km나 떨어진 곳까지 이르지. 소리보다 무려 22배 그리고 여객기, 이를테면 보잉 747 같은 여객기보다 26배 빠른 속도야.

솔직히 말하면 궤도 비행은 예상된 게 아니야. 지상에서는 유리가 걱정할까 봐 아무 말도 하지 않아. 예기치 못한 상황이 생긴다면 비행사가 우주 속으로 사라질 때 그들이 할 수 있는 건 작별인사밖에 없다는 뜻이지. 유리는 계속 침착하자고 속으로 되뇌지만 그의 심장박동은 분당 160회에 이를 만큼 치솟아. 그런데 그가 지금 느끼는 감정은 두려움이 아닌 감격이야. 우주를 비행하며 그는 창문 너머로 생전 처음 어떤 광경을 관찰하고 있거든. 게다가 새로운 사실까지 발견했어.

"지구는 푸른빛이야. 얼마나 근사한지! 믿기 힘들 정도야."

오늘날 우리는 당연한 것으로 생각하지만 1961년 4월 12일 이전에는 지구가 푸르다는 사실을 아무도 알지 못했어. 물론 바다와 대양이 존재하고 그 규모도 크다는 사실을 알고는 있었지만 우리는 항상 땅에 발을 딛고 있었으니 말이야. 우주에서 바라본 지구는 충분히 초록과 갈색 빛일 수도 있었을 테지.

하지만 유리가 한 말 중에 가장 중요한 건 그게 아니야. 그는 이런 말도 했어.

"이 높은 곳에서 바라보는 지구는 정말 아름다워. 국경도, 한계도 없어."

냉전으로 둘로 나뉜 세상, 그렇게 소리 없이 희생자가 속출하는 세상에 그가 던진 말은 평화와 우애의 메시지였어. 물론 이 말은 소련에서 인정되거나 전파되지는 않을 거야. 그들은 미국과 화해할 생각이 전혀 없거든. 그래서 지구가 푸르다는 말을 퍼뜨리는 편이 훨씬 낫다고 판단하지.

비행한 지 89분이 지난 후, 우주 캡슐 동방은 속도를 줄이며 역추진로켓을 점화해. 이제 지구 대기권으로 재진입해야 하거든. 가가린이 지금 타고 있는 우주선에는 원뿔 모양 부분이 있어. 바로 기계선Service Module으로, 역추진로켓과 연료탱크가 들어있는 곳이야. 이 부분은 지구로 돌아오기 전 우주에 버려질 장치지.

그런데 하강 엔진이 예상보다 2초 느리게 작동하면서 기계선이 캡슐에서 분리되지 않아. 정상 궤도를 탈선한 캡슐 덕분에 가가린은 아주 난감한 15분을 보내게 돼. 우주선은 빙글빙글 소용돌이치며 추락하고 있고, 그 속에 있는 유리는 마치 쳇바퀴 속 햄스터가 된 기분이야. 마침내 기계선이 분리되고 멀미로 기절하기 직전인 가가린은 자유를 되찾아. 하지만 문제는 아직 끝나지 않았어.

당시에는 우주선이 대기권으로 진입하는 과정을 제대로 아는 사람이 아무도 없었어. 기체의 온도가 올라갈 것이라는 정도만 알고 있었지. 가가린은 타는 냄새를 맡기 시작하고, 세 개의 창 너머로 불꽃을 발견하게 돼. 유리는 그 현상이 우주선 열피복 장치에 대한 대기의 작용이라고 생각하지 못했어.

"나는 지금 불에 타고 있어. 동료들이여, 안녕." 그가 라디오 전파로 말하지.

다행히 유리는 불에 타지 않아. 모스크바 시각으로 오전 9시 55분에 예고된 위치 대신, 엥겔스 남쪽에 위치한 밭에 착륙하는 척해. 여기서 '척한다'고 말하는 이유는 실제로는 조종석에서 발사되어 낙하산으로 땅에 떨어지기 때문이야. 소련은 시간 기록에서 미국을 이기기 위해 보스토크에 착륙 시스템을 만드는 대신 비행사들을 조종석 밖으로 던지기로 결정했거든. 안타깝게도 주 낙하산 외에 보조 낙하산까지 펼쳐지면서 유리를 휘감아 떨어뜨려. 그는 부상을 입지만 살아서 땅에 착륙하지.

그 시각 불쌍한 시골 아주머니 안나 탁타로바는 딸과 송아지를 데리고 산책을 하고 있어. 이들은 동그란 머리(헬멧)의 주황색(우주복을 입은) 생명체가 절단된 날개(낙하산)로 하늘에서 떨어지는 장면을 목격하자 걸음아 날 살려라 하고 도망가지. 훗날 밝혀질 우주에서 온 러시아 생명체로부터 말이야.

이런 사실은 공식문서에서는 찾아볼 수 없어. 국제 규정에 따른 항공기록을 세우기 위해 소련은 유리 가가린이 우주선을 타고 착륙했다고 주장하니까.

하지만 세계기록은 차치하더라도 1961년 4월 12일, 예기치 못한 모든 일들에도 불구하고 새로운 역사가 탄생한 거야. 27세의 소련 시험비행 조종사 유리 가가린이 지구가 놀랍도록 아름다운 푸른 행성임을, 그리고 국

경은 사람들의 머릿속에나 존재한다는 사실을 발견했거든!

바다에
떨어진
우주비행사

안타깝게도 역경을 이겨낸 모든 사람이 영웅으로 기억되진 않아. '거스'라 불리던 버질 그리섬Virgil Grissom이 바로 그런 경우지. 1961년 7월 21일, 머큐리-레드스톤 4호Mercury-Redstone 4 임무 수행에 참여한 그는 우주로 간

두 번째 미국인이야. 하지만 거스는 (다음 장에 다시 등장할) 친구 앨런 셰퍼드Alan Shepard처럼 지구 주위를 한 바퀴 돌지는 못했어. 그가 리버티 벨 7호Liberty Bell 7라고 부르는 머큐리 우주 캡슐은 수직으로 상승하도록 설계되었어. 그리고 지금 거스를 집에 다시 데려가기 위해 하강하고 있지.

거스는 감속낙하산에 구멍이 난 사실을 발견했어. 그리고 그 구멍은 점점 커져 찢어질 위험에 처했지. 하지만 천이 견뎌주어 비행시간 15.37분 만에 리버티 벨 7호는 대서양에 착수해. 이제 그리섬은 헬리콥터가 와서 구조해주기를 기다리는 수밖에. 구조대가 우주선을 단단히 연결하여 안전한 상태가 되면 그는 우주선 문의 폭발장치를 가동시켜 캡슐을 열 참이었어. 기다리는 동안 그는 몸을 숙여 헬멧을 벗고 산소 튜브를 뽑아.

순간 해치의 비상 분리 장치가 갑자기 작동하면서 문을 날려버려. 그리고 물이 빠른 속도로 조종석을 침범하지. 그러나 그리섬은 수영해서 빠져나가는 데 성공해. 운이 좋았지. 산소 튜브를 분리하지 않았더라면 익사했을 테니까. 가장 가까이 있던 헬리콥터의 조종사 둘이 굵은 밧줄로 리버티 벨을 묶지만 안에 물이 너무 많이 차서 들어 올리는 데는 실패해. 게다가 이미 과부하가 걸린 엔진 때문에 헬리콥터가 추락할 수도 있는 상황이야. 조종사들은 밧줄을 끊고 우주선을 버릴지 결정해야 해. 그동안 거스는 다른 헬리콥터의 구조를 기다리고 있어. 다행히 우주복 내부의 충분한 공기 덕에 물 위에 제법 잘 떠 있고. 적어도 처음에는 그랬지.

시간이 지날수록 헬리콥터가 만들어낸 파도 때문에 우주복 목 부분과 산소 튜브의 이음매 사이로 물이 들어와. 이로 인해 거스는 두 번이나 물속으로 가라앉아. 거의 익사할 뻔하지. 다행스럽게도 간신히 4분을 버텨낸 끝에 두 번째 헬리콥터가 구조벨트로 그를 끌어올려.

하지만 리버티 벨 7호는 수심 5,000m 아래로 가라앉고 말아. NASA에게는 굉장히 수치스러운 일이었지. 또한 당황한 나머지 예정보다 빠르게 문을 날려버렸다고 비난 받는 거스에게는 굉장한 불명예였어.

그리섬은 이런 비난을 인정할 수 없어. 장치를 작동시킨 건 내가 아니라고! 그리고 이 사실을 증명할 수도 있어. 비행사들은 장치를 작동시킬 때 손에 가벼운 상처를 입지만 그리섬의 손에는 어떤 상처도 없거든. NASA와 정치인들은 계속 그를 의심하겠지만 거스는 동료들에게 가장 존경 받는 우주비행사로 남을 거야. 그리고 4년 후, NASA는 제미니 3호 임무를 위해 그런 의문을 잠시 내려놓기로 해. 제미니 3호는 미국 최초의 유인 우주비행선이고 두 사람이 탈 수 있어. 경험이 풍부한 누군가가 필요한 상황이야.

그리섬은 사령관 제안을 수락해. 이제 전통에 따라 그는 자신의 우주 캡슐을 어떻게 부를지 정해야 해. 몇 년 전 브로드웨이에서 흥미로운 뮤지컬이 막을 올렸어. 타이타닉호가 침몰하는 동안 여러 생명을 구하면서 자신도 살아남은 용감한 여인의 이야기였지. 그 뮤지컬의 이름은 〈가라앉지 않는 몰리 브라운〉이야.

그리섬은 원래 재밌는 사람인 데다 부정 타는 걸 피하고 싶어서 자신이 탈 우주선을 몰리 브라운이라고 부르기로 해. 이번에는 어쩌면 침몰하

지 않을지도 모르잖아?

그렇지만 NASA에서 순순히 넘어갈 리가 없어.

"미쳤어? 이건 논의할 가치도 없는 일이야! 다른 이름 골라 봐!"

"그럼 타이타닉이라고 합시다!"

NASA 사람들은 그리섬처럼 장난을 좋아하지는 않았지만 부정 타는 건 걱정되었어. 그래서 타이타닉이라고 할 바에야 몰리 브라운이란 이름을 수락하지. 하지만 그때부터 기장들은 우주비행선 이름을 정할 수 없게 되었어.

그리섬은 어떻게 되었냐고? 제미니 3호의 완벽한 비행과 그림 같은 착수 후 그는 노파심에 출구 문을 최대한 오래 닫고 있었어. 구조팀이 끈질기

게 문을 두드리며 이상이 없다고 안심시킬 때에야 비로소 열어주었지.

그리섬이 대양에서 익사할 뻔했다면 그보다 얕은 물에서 죽을 뻔한 사람도 있어. 소유스호를 예로 들어볼게. 소유스 우주선은 보스토크와는 달리 러시아 북부 초원 지대에도 착륙할 수 있어. 뿐만 아니라 바다나 호수에 착수하는 상황도 감당하도록 설계되었지.

그런데 1976년 10월 이전까지 러시아의 추위에 호수가 얼 수 있다는 생각을 한 사람이 아무도 없었던 거야. 그 사실을 몸소 확인한 이들이 바로 소유스 23호에 탑승한 주도프Vjačeslav Zudov와 로제스트벤스키Valerij Roždestvenskij였지. 이들은 눈보라가 치던 날 텡기스Tengiz 호수에 착수하게 돼. 텡기스 호수는 이탈리아의 가르다Garda 호수보다 4.5배 큰 호수야(우리나라 충주호의 약 23.5배—옮긴이).

이보다 더 최악일 수도 있을까?

낙하산은 어찌나 흠뻑 젖었는지 비행사 두 명을 태운 채 호수에 가라앉을 정도였어. 게다가 강철 케이블로 소유스를 끌어올리는 데 무려 9시간의 사투를 벌여야 했지. 놀랍게도 두 우주비행사는 다친 곳 없이 멀쩡했고 금의환향할 시간만 기다리고 있었어.

글렌에게 아무 말도 하지 맙시다

비행운은 나빴지만 영웅으로 추앙받는 우주비행사는 미국에도 있어. 잘 알려진 이들 중에는 지구 궤도를 비행한 최초의 미국인 존 글렌이 있지.

1962년 2월 20일, 머큐리-아틀라스 6호가 발사된 날은 가가린의 지구 궤도 비행으로부터 10개월이 지난 시점이었어. 바로 전에는 그리섬의 머큐리호와 76번의 전기 충격으로 침팬지 에노스를 타 죽게 만든 비행이 있었지. 어쨌든 미국은 우주를 정복할 준비가 끝났다고 말할 수 있게 되었어!

원뿔 모양의 프랜드십Friendship 캡슐에 탑승한 존 글렌은 우주로 발사되어 지구를 세 바퀴 돌아야 해. 하지만 두 번째 궤도 비행 중 관제소의 빨강 비상등 하나가 캡슐 내 에어백이 제멋대로 부풀었다는 신호를 보내지. 에어백은 충격을 흡수하고, 착수하게 될 경우 기체를 물에 뜨도록 하는 역할을 해줘. 하지만 비행 중에 열려서는 안 되고 대기권으로 진입할 때 기체를 화재로부터 보호해주는 열차폐로 덮여 있어야 해. 에어백이 완전히 부푼다면 열차폐가 떨어질 테니 글렌이 손쓸 방법이 없을 거야.

한편 지상에서는 에어백이 실제로 터졌는지 혹은 고장 난 센서 때문에 경고등이 울렸는지 알 수 없기에 과감한 결단을 내리기로 해.

"그래요, 글렌에게 아무 말도 하지 맙시다."

그 대신 관제소에서는 글렌에게 질문을 쏟아 붓기 시작해. 혹시 뭔가 이상한 걸 보거나 듣지는 않았냐고 말이지. 하지만 존 글렌은 바보가 아니야.

"혹시 저한테 무슨 할말 없나요? 제가 걱정할 만한 일인가요?"

"그런 거 없으니 마음 편하게 먹어!"

엎친 데 덮친 격으로 우주선은 기울기 시작하고 글렌은 수동으로 궤도를 수정하면서 연료를 써버려. 한편 지상에서는 누군가 좋은 생각을 떠올렸어. 열차폐 앞에는 역추진로켓을 지탱하는 벨트들이 있는데 하강 전 텅 빈 역추진로켓을 우주에 남겨둘 때 풀 벨트들이야. 우주임무 감독 월터 윌리엄스Walter Williams는 역추진로켓 벨트가 열차폐를 지탱해주기를 바라며 풀지 말 것을 제안하지. 비행 감독 크리스토퍼 크래프트Christopher Kraft는…

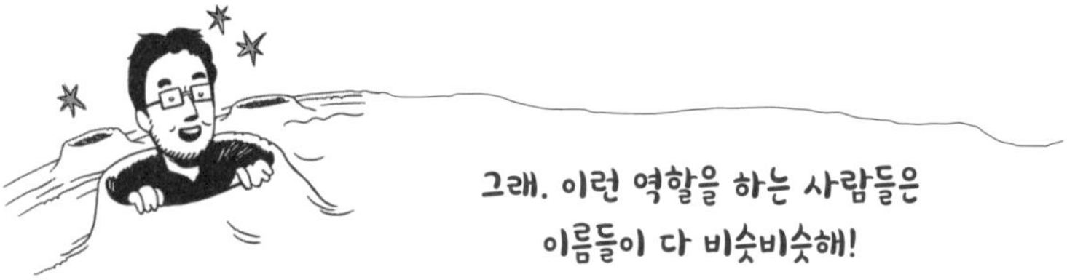

…센서가 고장 났다고 생각하고 월터에게 역추진로켓이 과열되면 열차폐를 녹일 뿐만 아니라 안에 연료가 있으면 폭발할 위험이 있다고 경고해.

세 번째이자 마지막 궤도 비행이 곧 시작될 거야. 케이프커내버럴 우주센터에서 두 감독은 싸우고 있고 글렌은 태평양에 위치한 칸톤섬 관제소와 교신 중이야. 이곳 관제요원은 매우 영리한 청년이야. 비행 상태를 관측하고 통제하는 전문가답게 무척 섬세하지.

"글렌, 혹시 에어백 부푸는 소리나 열차폐 뜯어지는 소리 못 들었어?"

자, 이제 글렌도 알게 되었어. 하지만 글렌은 케이프커내버럴에 이렇게 중요한 정보를 알려주지도 않았다고 따지는 대신 비밀을 간직하기로 해. 사실 에어백이 진짜로 부푼 건 아니었지만 지상에서는 이 점을 모르지. 그리고 명령을 내려.

"존, 역추진로켓을 풀지 말고 연결한 채로 돌아와."

"왜 그런 이상한 방법을 쓰는 거죠? 무슨 이유가 있나요?"

"그럴 리가! 도대체 무슨 생각 하는 거야? 그냥 어떻게 되는지 한번 보려는 것뿐이야!"

다행히 역추진로켓은 폭발하지도, 열차폐에 구멍을 내지도 않았어. 대신 벨트 하나가 풀어져 우주선 창 앞에서 덜렁거리기 시작해. 흔들거리는 캡슐을 수동으로 조종하면서 글렌은 연료를 모두 써버려. 때문에 머큐리호는 더 가벼워져서 궤도가 바뀌게 되지. 낙하산을 펼치자 우주선은 필요 이상으로 흔들리고 예정된 지점에서 60km 이상 떨어진 곳에 착수하고 말아.

다행히 글렌은 한 끗 차이로 무사해. 동료 그리섬의 비행을 기억하며 그는 캡슐이 통째로 구조선에 인양된 후에야 출구 문을 열어. 손을 살짝 다치면서 말이지.

1961년 7월 21일, 태평양 어딘가에 떨어진 리버티 벨 7호 캡슐.
수년에 걸친 수색에도 불구하고 계속 실패하다가 1999년 7월 20일에 마침내 인양되다.

3장

똥과 기저귀

배설 작용

매일 아침 해가 뜰 무렵 잠에서 깨어난 우주비행사는 빨리 화장실로 뛰어가지 않으면 동료에게 자리를 빼앗기고 말 거라는 사실을 알고 있어. 매일 아침 우주에서는 네가 비행사인지 우주인인지는 전혀 중요하지 않아. 중요한 건 바로 뛰기 시작해야 한다는 거야.

사실은 해가 뜰 때마다 뛸 필요는 없어. 국제우주정거장ISS, International Space Station은 하루에 지구 궤도를 열다섯 번 이상 돌아. 다시 말해 우주비행사들은 24시간 동안 열다섯 번의 일출과 일몰을 본다는 거지. 이것이 문제가 되는 이유는 인류가 진화한 수백만 년 동안 우리 신체는 24시간 중에 한 번의 일출과 한 번의 일몰을 보는 데 익숙해졌다는 데 있어. 그럼 어떻게 하냐고? 그리니치(런던) 태양시를 기준으로 한 시간표를 정하는 거야. 다 같이 오전 6시에 일어나서 6시 45분에 아침을 먹어. 6시 50분이나 7시도 아닌, 정확히 6시 45분이어야 해. 그리고 점심식사 시간은 오후 1시 5분이야. 5분 일찍 나타나면 큰일 나. 저녁식사는 오후 7시 30분에 먹고, 오후 9시 30분에는 모두 자러 가야 해.

탑승인원 여섯 명이 이처럼 정확한 시간표에 따라 움직이니 항상 꼴등으로 화장실 줄을 설 염려는 없을 거야.

어쨌든 화장실은 가야 할 테니까.

우주에서 화장실은 어떻게 갈까?

달에 다녀온 열두 사람 중 한 명인 찰스 듀크Charles Duke는 이 질문에 '매우 신중하게' 답했어.

소변을 예로 들어보자. 지구에서는 소변을 볼 때 액체인 소변은 변기가 있는 아래 방향으로 떨어져. 하지만 극미중력 또는 무중력 상태에서는 여기저기 날아다니며 돌아다니지. 정확히 말하면 휘날리면서 쿠킹호일처럼 몸에 달라붙는 거야. 소변을 비롯해 모든 액체류가 그렇다고 볼 수 있어.이게 얼마나 위험한 일인지는 나중에 보게 될 거야.

그럼 대변은 어떨까? 밀도에 따라 달라져. 우선 대변도 여기저기 날아다닌다고 말해둘게. 그런데 재밌는 건 이렇게 날아다니기 전에 변신을 한다는 거야! 흔히 생일 축하할 때 부는 코끼리 나팔처럼 꼬부라지는 거지.

어쨌든 쉽게 해결할 수 있는 문제는 아니었어. 그렇다면 사람들은 어떻게 대처했을까?

우주탐사 초반에는 이런 문제들이 나타나지 않았어. 초기 유인 우주비

찰스 듀크

행은 문제가 일어날 새도 없을 만큼 짧았으니까. 적어도 이론적으로는 그랬지.

얘들아,
나 오줌
마려워!

1961년 5월 5일.

미국인 앨런 셰퍼드Alan Shepard는 프리덤 7호라는 별명이 붙여진 머큐리-레드스톤 3호Mercury-Redstone 3에 탑승하여 최초의 미국 우주인이 되기 직전이야.

모든 일이 술술 풀리진 않아. 그의 우주선이 발사될 무렵, 앞서 시도된 레드스톤 로켓들의 58%가 실패로 돌아갔거든. 물론 모든 로켓이 폭발한 건 아니야. 예를 들어 어떤 로켓은 궤도를 벗어나 안전상의 이유로 폭발시켰으며, 어떤 로켓은 캔처럼 구겨져서 땅에 떨어졌고, 어떤 것들은 절반 정도만 작동했지. 나 같으면 그런 로켓에는 피에로 안젤라Piero Angela(이탈리아 유명 TV쇼 진행자—옮긴이)가 부탁해도 탑승하지 않을 거야.

그래도 짚고 넘어가야 할 점은 셰퍼드 직전에 이루어진 세 번의 로켓 발사는 별다른 문제없이 마무리되었다는 거야. 침팬지 햄이 탑승한 로켓을 포함해서 말이야.

일을 너무 오래 끌 수도 없는 노릇이었어. 소련의 가가린은 이미 우주에 다녀왔을 뿐 아니라 지구 궤도를 한 바퀴 돌기까지 했으니까. 그건 미국 사람들이 아직 해내지 못한 일이었어. 하지만 최소한 미국도 우주에 다녀왔다고 말은 할 수 있어야 해.

셰퍼드는 로켓 폭발 따위는 전혀 걱정하지 않아. 이건 셰퍼드가 좀 괴짜라서 그래. 얼마나 괴짜인가 하면 비행 중 자신이 실수하는 것만 걱정하는 사람이야. 솔직히 말하면 비행시간은 15분에 불과한 데다 대부분 자동으로 진행되기 때문에 비행사가 할 일은 거의 없어. 그런데도 발사시점에 그가 하는 말은 이거야. "하나님, 제발 제가 모든 걸 망쳐놓지 않도록 도와주세요."

그가 실제로 사용했던 건 아마 좀 더 날것의 표현일 거야. 그리고 이 문장은 그날 이후 셰퍼드의 기도로 알려질 테고.

하지만 셰퍼드가 겪게 되는 문제는 비행 실수와 관련된 게 아니야. 실수를 하려면 일단 출발부터 해야 하니까. 그런데…

셰퍼드는 오전 5시 15분에 우주선에 탑승해. 출발은 오전 7시 20분으로 예정되어 있지. 아침 식사는 가볍게 커피, 오렌지주스, 토스트, 달걀과 고기를 먹어. 훗날 이 조합은 선수들의 아침식단으로 미국 우주비행사들의 전통이 될 거야. 앞에서 살펴본 것처럼 미신에 굉장히 민감한 사람들이거든.

우주선에 몸을 연결한 그는 출발 때문에 매우 긴장한 상태야. 앨런은 불길한 충동을 느끼기 시작해. 그는 라디오를 켜고, 동료들에게 이렇게 말해. "얘들아, 나 오줌이 마려워."

관제소의 반응은 대략 이런 맥락이야. "알겠어. 그런데 지금 그게 뭐가 중요해?"

예정된 비행은 매우 짧고, 앨런은 집에서 나오기 전 착한 어린이들이 그러하듯 화장실에 다녀왔어. 그러니까 참을 수 있을 거야.

현재 시각 오전 7시 5분.

'참아야 해.' 그는 스스로 되뇌었어. '그래, 앨런. 참아 봐! 15분 후면 출발할 거고, 15분 동안 비행하면 30분 후에는 화장실에 갈 수 있을 거야!' 그런데 하늘에 구름이 끼어 이륙 사진이 잘 안 나온다는 이유로 로켓 발사가 연기되고 말아.

"얘들아… 나 오줌 마려워."

불쌍한 비행사는 다시 말했어.

"우리가 이미 첫 번째 사안으로 메모해두었어."

기술자들은 대답했지.

구름이 걷히자 이번에는 우주선 부품 하나가 떨어질 위험이 있다며 수리에 들어가. 상황이 좋지 않아.

"얘들아... 내 말 듣고 있어?"

"아니."

기술자들이 그를 괴롭히려고 그런 건 아니야. 앨런을 화장실에 보내려면 문 밖에 깨끗하고 통제된 환경을 만드는 텐트를 재배치해서 머큐리호의 문을 열고(이미 밀폐되었기 때문에 쉽지 않은 작업이야), 우주선에 연결된 셰퍼드를 풀어서 우주복 일부를 벗기고… 말하자면 앨런은 오줌을 참아야 한다는 뜻이야. 비행은 금방 끝날 테니까.

그동안 우주선 수리는 끝났고 카운트다운을 다시 시작할 수 있게 되었… 아, 아니다. 관제소 컴퓨터 중 한 대가 먹통이 되어 다시 켜야 된대.

"얘들아, 그만. 더 이상은 못 참겠어. 나 그냥 바지에 싸버리기로 했어!"

관제소에서는 난리가 나. 모두가 걱정하는 건 위생문제가 아니야. 그건 아무도 중요하게 생각하지 않아. 소변은 쉽게 말하면 물이야. 그리고 물은 전기회로에 결코 좋은 물질이 아니지.

우주비행사의 몸에는 의료용 센서가 부착되어 있어. 만약 우주복에서 액체가 흘러나와 우주선 전기 제어판에 옮겨간다면 어떡해?

하지만 셰퍼드는 알고 싶지 않대. 기술자들에게 강제로 제어판을 끄도록 하고 바지 위에 싸고 말지. 그는 배를 위로 향한 채 누워 있었고 우주복을 가득 채운 오줌은 등과 어깨까지 차올랐어. 관제소 사람들은 점점 얼굴이 새하얘졌지. 셰퍼드는 그들을 안심시켰어. 최소한 이제 따뜻하게 지낼 수 있다고 말이지.

다행히도 우주복 안에 공급되는 산소가 모든 걸 잘 말려줘. 카운트다운은 다시 시작되고 오전 9시 34분에 로켓은 프리덤 7호와 이 무모한 친구를 우주로 보내버리지.

앨런 셰퍼드는 무사히 지구로 돌아올 거야. 그리고 우주로도 다시 돌아갈 테고. 그는 아폴로 14호로 골프를 치러… 달에 갈 거거든. 달의 움푹 파인 구덩이 사이로 공 한두 개를 날려버릴 거야.

우리가 그를 기억하는 건 이것 때문이 아니야. 물론 그는 우주에 간 최초의 미국인이지. 그런데 그의 가장 큰 공헌은 따로 있어. 임무를 통해 앨런은 세상에 다음과 같은 교훈을 주었거든!

공식적으로 'MAGMaximum Absorbency Garment'로 불리는 기저귀는 머큐리 계획에 핵심 물품이 돼. 비록 하루 이상 걸리는 임무는 아니지만 말이야. 하지만 새로운 우주선, 제미니호를 타고서는 며칠씩, 심지어 2주 동안 궤

도를 비행하는 사람들을 보게 될 거야. 언제까지나 기저귀만 차고 임무를 수행할 수는 없어. 이제는 다른 해결책이 필요해.

구토 혜성, 똥 봉투 그리고 우주비행사의 기묘한 물건들

우주에 가지 않고서 무중력 상태를 모의실험하는 일은 쉽지 않아. 그래서 유일하게 찾은 방법이 바로 구토 혜성이지. 이건 우주비행사들이 30초 정도 고도비행을 하다가… 엔진을 끄는 특수 비행기에 붙여준 재밌는 별명이야. 이 특수 비행기는 얼마 동안 계속 올라가다가 20~30초 동안 급하강하는데 그동안 탑승자들은 비행기 안에서 둥둥 떠다니게 돼.

땅에 떨어져 죽기 전에 다시 엔진을 켜서 처음부터 다시 시작해. 10번 정도 이 과정을 반복하는 거야.

롤러코스터를 탈 때 진공상태를 느껴본 적 있어? 바로 그거야. 이 상태를 30초 동안 경험한다고 생각해 봐. 추락하는 비행기 안에서 30회 혹은 40회 반복해서 말이야. 분명 유쾌한 느낌은 아닐 테지.

자, 그럼 이제 그런 상태에서 30초 동안 대소변 문제를 해결하는 실험을 해야 한다고 상상해 봐. 어떤 대범한 자원자들은 모든 과정을 촬영하는 카메라 앞에서 이걸 해낸다고. 점점 유쾌함과는 멀어지는 기분이지?

그런데 문제는 미국 로켓은 내부 공간이 매우 좁다는 거야. 제미니와 아폴로 임무 때 소변은 작은 관으로 연결된 봉투에 모아져 우주로 버려졌어. 이때 반짝이는 구름 모양이 만들어졌고, 우주비행사 월리 쉬라Wally Shirra는 이것을 낭만적으로 '유리온Urion 자리[urine(오줌)+orion(오리온)]'

라고 불렀지. 말하자면 '오줌별자리'라는 뜻이야.

그렇다면 대변은 어떻게 처리할까? 테이프로 입구를 막는 봉투에 모으는데, 어떻게 사용하는지는… 상상에 맡길게.

용변을 보고 나면 봉투 안에 부패를 막기 위해 항균 기능이 있는 액체를 부어. 대변은 지구로 다시 가져가서 우주비행사들의 건강상태를 모니터링하기 위한 연구 자료로 사용되거든. 무중력 상태인 데다 (한 명 이상의) 동료가 바로 옆에 있는 상황에서 용변을 모으는 건 결코 편하거나 익숙해질 만한 활동은 아닐 거야.

그렇지만 전혀 걱정할 일도 아니지. 봉투는 내용물이 튀어나오기 전에 빨리 닫아버리면 되니까. 한 번씩 안 좋은 결말을 맞이하기도 하지만.

1969년 5월 23일.

존 영John Young, 유진 서난Eugene Cernan 그리고 토머스 스태포드Thomas Stafford는 아폴로 10호에 탑승해. 이번 임무는 달 착륙을 위한 총리허설이야.

그런데 여섯 번째 날에 뭔가가 봉투 밖으로 흘러나와. 내가 웃기려고 농담하는 게 아니야. 그러니까 진짜 기내에서 오고간 대화 녹취록만 옮겨 적도록 할게.

스태포드: "맙소사! 누가 싼 거야?"

영: "누가 뭘 했다는 거야?"

서난: "뭐라고?"

스태포드: "누가 싼 거냐고?"(웃음소리)

서난: "저건 대체 어디서 온 물건이야?"

스태포드: "빨리 휴지 좀 줘 봐. 공중에 똥이 떠다니고 있어."

반면에 소유스 임무의 러시아 비행사들은 운이 더 좋았어. 우주선에 두 개의 분리된 공간이 있어 최소한의 사생활을 보장해주었으니까. 한쪽 공간에는 동료들이 있고 다른 한쪽에는 덧없이… 떨어지는 현세의 것들을 묵상해야 하는 누군가가 있지. 소유스에는 아예 화장실이 있어. 흡입관을 통해 요강에 연결된 깔때기 모양으로 말이야.

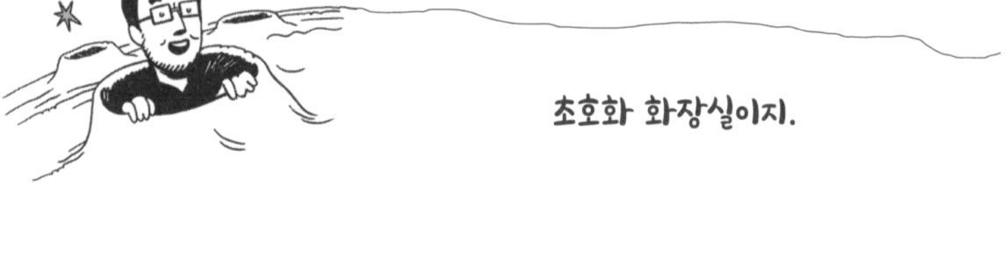

60년대와 70년대에는 최초의 우주정거장인 소련의 살류트와 미국의 스카이랩이 탄생해. 80년대에는 미국의 우주왕복선이 뒤를 잇지. 이들은 모두 화장실이 들어갈 만큼 넓은 공간을 가지고 있어.

그 무렵 엔지니어들은 여자도 우주에서 용변을 볼 수 있겠다는 점을 깨닫게 돼. 말도 안 되는 일처럼 들리겠지만 80년대 전까지 우주비행사들은 전부 남자들이었어(소련에서는 두 번의 예외가 있었지만). 왜냐하면 그 누구도 남자들의 깔때기와 다른 형태의 우주복을 만들 수 있다고 생각하지 않았거든.

사실 깔때기는 어떻게든 필요한 장치야. 우주왕복선에 설치한 화장실을 예로 들어볼게. 여기서 화장실이란 아주 작은 방인데, 우주비행사는 화장실에 들어가서 말에 올라탈 때 딛는 것과 비슷하게 생긴 발판 두 개에 발을 집어넣어. 그렇게 단단히 고정된 상태에서 흡입 깔때기 안에 오줌을 누는 거야.

소변용 청소기라고 할 수 있지.

과학자들은 청소기와 연결된 구멍이 설치된 좌석도 예견했어. 하지만 중력이 없는 상태에서 앉는 일은 쉽지 않아. 의자에 붙어 있지를 못하니까. 그 우주 화장실을 사용하려면 지상에서 훈련과 위치조정 트레이너positional trainer, 즉 변기 내부를 비추는 카메라를 통해 우주비행사가 흡입기에 몸을 잘 맞출 수 있도록 가르쳐주는 모의장치(시뮬레이터)가 필요해. 굉장하지.

그러고 나면 기능 트레이너functional trainer로 넘어가. 같은 일이지만 실제 변기와 흡입기로 훈련하는 거지. 이쯤 되면 난 봉투가 나은 것 같기도 해. 좌석이 있어도 문제가 없는 건 아니었거든. 예를 들어 볼까? 우주왕복선 밖에서 얼어버린 소변 때문에 화장실이 막힌 적도 있어.

1981년 4월, 우주왕복선(컬럼비아호의 STS-1 임무)의 최초 비행에서 액체 흡입 시스템은 완벽하게 작동해. 하지만 고체 흡입은 막혀버리고 할 수 없이 비행사들이 아폴로 시스템을 다시 사용하게 만들지. 게다가 진공 상태에서 대변은 먼지를 유발하여 완벽한 흡입이 이루어지지 않을 경우 우주선 내부에서 떠돌아다닐 가능성이 있어. 바로 STS-1에서 일어난 것처럼 말이야. 그리고 우주비행사들의 눈, 코 그리고 목으로 들어가는 대변 가루는 불쾌할 수 있겠지.

SOS
똥 경보

1989년 11월, 디스커버리 우주왕복선에는 다섯 명의 우주비행사가 타고 있어. 사령관 프레데릭 그레고리Frederick Gregory와 조종사 존 블라하John Blaha(두 번째 비행), 임무 수행 전문가 맨리 '소니' 카터Manley Sonny Carter와 캐스린 손튼Kathryn Thornton(첫 번째 비행) 그리고 스토리 머스그레이브Story Musgrave(세 번째 비행)야.

그들의 임무는 미 국방부의 지시를 받은 비밀 임무야. 어쩌면 이들은 소련과 중국 간의 교신을 감시하기 위해 인도양 궤도 위에 띄울 스파이 위성을 운반하는지도 몰라.

텍사스에 위치한 휴스턴 관제소에서 로버트 켈소Robert Kelso는 방금 비행 감독으로서 첫 번째 교대 근무를 시작했어. 막내다 보니 '휴스턴 공동묘지'라 불리는 야간조로 배정받았지. 보통 가장 지루할 뿐 아니라 가장 평온하기도 한 자리야. 비행사들은 자고 있고 모든 일이 제대로 흘러가는지만 확인하면 돼.

그럼 그렇지. 교대한 지 5분도 되지 않아 뭔가가 잘못되기 시작해.

관제소 제어판에 빨간 신호가 들어오고 있어! 디스커버리호 내에는 중앙 알람이 작동하기 시작해. 우주왕복선의 가스가 우주로 새고 있고 비상구 표시를 위해 비상 시스템은 탱크에서 대량의 산소를 뿜어내고 있어. NASA에서는 비상 착륙을 위한 대책을 찾지만 우주왕복선은 지금 원래 사용하던 미국 활주로에서 멀리 떨어져 있는 상태야. 그러니 아프리카에 착륙할 곳을 찾아야 해.

그것도 모자랐는지 우주왕복선은(매번 어떤 위성에 의지하여 지구와 교신하는) 위성 활동반경에서 벗어나 지상에서는 더 이상 어떤 신호도 받을 수 없게 되었어. 이제 다음 위성을 기다리며 기도하는 수밖에. 하지만 신호가 다시 돌아오자 모든 것이 정상 범위 안이고 셔틀에는 더 이상 가스 누실이 없어.

그리고 또 다른 문제가 터져. 경보기가 다시 올리고… 또 평화가 돌아오지. 켈소는 어찌나 스트레스를 받았는지 정말 골로 갈 뻔했다고.

비행사 중 한 명이 밤에 화장실을 쓴 거야. 우주왕복선 선실을 우주 거시공동과 분리하는 화장실 밸브 중 하나가 배출 순간에 제대로 닫히지 않았던 거고. 쉽게 말해 우주비행사는 자신의 엉덩이를 우주에 내놓은 셈이지. 변기시트에서 일어날 때가 되어서야 그 점을 깨닫고 밸브를 잠갔지만, 문제는 그가 확인차 물을 다시 내려보기로 했다는 거야. 이로 인해 경보기가 다시 울리기 시작했던 거고. 범인이 화장실에서 나오자 모든 동료들이 도끼눈을 하고 그를 기다리고 있었던 모양이야.

반면 ISS에는 러시아 구역과 미국 구역에 각각 하나씩 두 개의 화장실이 있어. 정말 호화롭지! 두 개의 화장실은 액체를 모아 마실 수 있는 물로 정화하는 소변 흡입기를 사용해. 너희가 무슨 표정을 지을지 안 봐도 비디오다. "윽, 더러워!"

깔끔떠는 척 좀 하지 마!

잘 들어봐. 자재를 우주로 보내려면 kg당 수만 달러가 들어. 물 1L의 무게가 1kg이라 한다면, 생수 한 컵을 지구에서 우주로 보내려면 수천 달러의 비용이 발생하지. 그리고 우주비행사 한 명이 마시는 물은 하루 평균 3L야! 그러니까 최대한 재활용해야 해.

ISS에서 사용되는 물의 93%는 재활용된 물이야. 그래서 우주비행사들은 농담처럼 말하곤 해. "어제의 커피가 내일의 커피로 변신하지."

궁극적으로 지구에서도 물은 재활용되고 있어. 우리가 새로운 물을 만들어 쓰지는 않잖아! 물의 순환 과정에 대해 들어본 적 없어?

생물이 배출한 물은 강으로 흘러가 다시 바다로 모여. 여기서 모인 물이 증발하여 구름을 형성하고 비나 눈의 형태로 다시 내리지. 이와 같은 물은 빙하나 지하로 흘러들어 가 식물의 양분이 되거나 천과 강에 합류하기도 해. 이런 식으로 매번 순환 여정이 다시 시작되는 거야.

내가 지금 설명하고 있는 내용이 잘 이해되지 않는다면 이것만 기억하면 돼. 네가 생수병에서 마시고 있는 물방울을 포함해 지구별에 존재하는 모든 물방울은 그들의 역사 가운데 최소 한 번은 오줌인 적이 있었다는 뜻이야.

소리 그만 지르고 좀 진정해! 이젠 똥 이야기로 넘어가야 하니까.

국제우주정거장 화장실의 똥 흡입기는 금속으로 된 요강에 연결되어 있고 거기서 차가운 우주와 접촉하면서 고체 배설물은 얼어버려. 흡입할 때마다 새로운 배설물이 이전 배설물을 밀어버리고 이렇게 밀려난 배설물은 요강 벽면을 들이박아 '펑' 하는 소리를 만들어! 마치 팝콘처럼 말이지. 이 같은 현상은 시적으로 '배설물 팝코닝'이라 불리게 되었어.

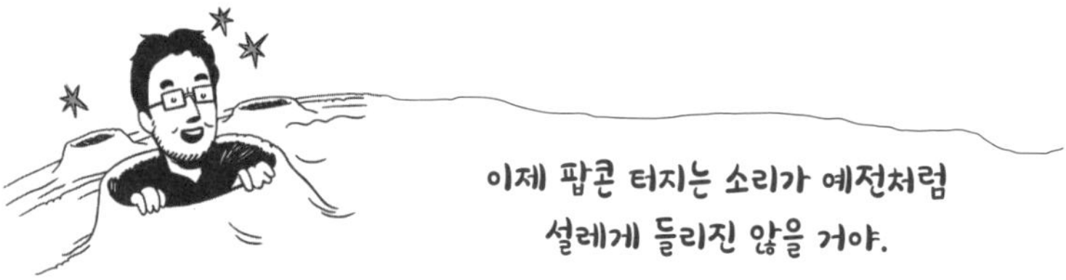

그럼 요강이 가득 차면 어떻게 해야 할까? 물론 따로 보관해야지! ISS에는 한 번씩 식량, 연료, 산소, 장비, 옷과 비품 그리고 '새로운 물'을 실어다 주는 자동화 보급기가 도착해. 이 보급기에 쓰레기와 요강을 실어 나르는 거야.

그리고 이 쓰레기는 지구 위로 떨어뜨리는데, 쓰레기가 대기와 접촉하여 증발하고 타면서 일으키는 반짝거림 때문에 수십 킬로미터 거리에서도 볼 수 있는 환상적인 유성을 만들어내. 너도 소원 하나 빌어볼래?

똥 유성

부제: 일러스트레이터 타빌리오, 낭만적인 장면을 조롱거리로 만들다(자신이 얼마나 감성적인 사람인지 숨기기 위함임)

4장

우주선 생활

극한 직업

우주비행사는 위생적인 측면에서 다소 극한 직업이야. 대체로 일하는 환경이 호락호락하지 않거든.

운석비를 맞을 위험은 일단 번외로 둔다 하더라도 일단 지구자기장의 보호 장벽 밖으로 나가게 되면 어마어마한 방사선에 노출된다는 점을 생각해야 해. 장기적으로 봤을 때 이는 건강에 좋지 않아. 최소한의 위험 범위 안에 있으려면 남자는 우주에서 최대 268일, 여자는 159일 머물러야 해. 하지만 이탈리아 우주비행사 사만다 크리스토포레티Samantha Cristoforetti는 그보다 40일 오래 ISS에서 머물렀어. 또 다른 유감스러운 사실 하나 알려줄까?

무중력 상태에서 보내는 처음 며칠간은 정말 악몽이 따로 없어. 우리 신체와 뇌는 한 번도 경험한 적 없는 환경 조건에 적응해야 해. 잠시 동안 시뮬레이션해본 게 전부일 테니까.

초기 발사 시절 비행사들이 멀미로 좀 애를 먹을 수 있다는 점은 알았지만 별다른 문제는 없었어. 대부분의 비행은 매우 짧고 우주선은 정말 작았기 때문에 비행사들이 크게 움직일 일도 없었지. 하지만 이후에 더 큰 우주선과 더 긴 임무가 생겨났어. 그리고 그 결과물은 파멸에 가까웠지.

가장 잘 훈련된 이들까지 포함하여 우주비행사들의 절반을 고통스럽게 한 일련의 문제들이 나타난 거야. 우주멀미, 전문용어로 SASSpace Adaptation Syndrome라고 하는 우주적응증후군이라는 증상을 겪게 되는 거지.

뒤죽박죽인 세상…이 아닌가?

첫 번째로 귀, 특히 '전정기관'이라 부르는 기관이 어디가 위고 어디가 아래인지를 더 이상 인지하지 못해. 말하자면 한동안 균형감각이 없어진다고 보면 돼. 처음에는 아예 내 팔다리가 어디 있는지도 잘 모르는 상태야.

위와 장은 또 어떻고. 창자와 위가 두둥실 떠다니는 느낌보다 불쾌한 자극은 거의 없다고들 할 정도야. 게다가 소화작용은 보통 중력의 도움을 받아. 그런데 중력이 작용하지 않으면 훨씬 힘들어져. 그 결과가 바로 뱃멀미와 비슷한 우주멀미야. 우주멀미는 두통, 집중력 저하, 울렁거림, 구역질 그리고 장 문제와 같은 증상을 동반해.

탐험가들의 고통

다행히 일반적으로 모든 증상은 며칠이 지나면 사라져. 다시 말하면 (위가 아닌) 뇌가 적응을 해서 시각 정보만 받아들이기 시작할 때부터 말이지. 어떤 물체가 발 근처에 있으면 아래에 있는 거고 머리 주변에서 보이면 위에 있는 거야.

지구에 돌아왔을 때 뇌는 시각뿐 아니라 다른 감각도 사용하는 데 다시 익숙해져야겠지. 물건을 놓아버리면 주변에 둥둥 떠다니지 않고 떨어지는 세상에 다시 적응해야 할 거야.

가른 척도

우주적응증후군 수준을 파악하기 위해 우주비행사들은 가른 척도를 사용해. 공인된 과학 도구는 아니지만 어쨌든 유용하니까. 미 상원의원 제이크 가른Jake Garn을 기리기 위해 그렇게 부르게 되었어. 그는 우주비행사이기도 하거든!

존 글렌John Glenn도 우주비행사였을 뿐만 아니라 상원의원이었어. "걱정 마, 아무 문제없어! 그런데 열차폐는 아직 우주선에 붙어 있는 거 확실해?"(앞서 살펴본 '글렌에게 아무 말도 하지 맙시다' 편)의 바로 그 주인공 이야기야. 그는 먼저 우주비행사로 활동하다가 상원의원을 했어. 그리고 또다시 우주비행사를 했지.

반대로 가른은 그 반대 순서를 밟았어. 80년대 초반에 그는 정치인으로 활동하며 미 상원 세출위원회 분과위원장을 맡았어. 쉽게 말해 그는 시민들의 세금을 어디에 사용할지 결정하는 사람이야. 그리고 모든 기관 중 NASA에도 예산을 지급할지 결정해야 하지.

그는 그럴 가치가 있는지 파악하기 위해 전문가들과의 간담회를 열지 않아. 자신의 눈으로 직접 확인하기를 원하지. 그래서 가른은 우주왕복선을 타고 비행하기를 요청해.

사실 제이크는 미 해군 조종사 그리고 대령 출신이기 때문에 다른 우주비행사들보다 비행한 시간이 많아. 과거에는 군대 전차를 모는 일과 스텔스 B2-스피릿 폭격기 프로토타입을 타고 비행하는 것을 허가받은 사람이기도 하고.

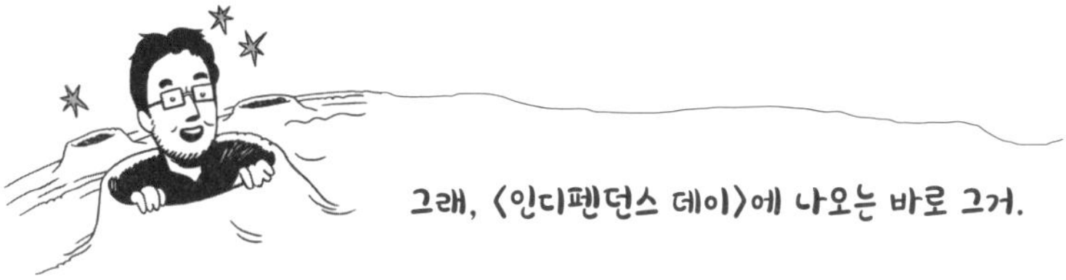

물론 누군가는 제이크가 자신의 지위를 이용하여 주변에 재밌어 보이는 기계로 마실 한 바퀴 하고 오는 것처럼 볼 수도 있을 거야. 하지만 결국에는 연구 기관을 유지하거나 폐쇄할지 결정하는 것도 사람이잖아. 그래서 NASA는 그의 요청을 받아들여.

1985년에 가른은 우주왕복선 디스커버리호Discovery의 STS-51-D 임무를 할당받아. 그는 4백만 km를 달리며 지구 주위를 108번 돌 예정이야. 췌장까지 토해버리지 않도록 잘 버텨야 하는 167시간 동안의 가슴 뛰는 여정이지.

사실 가른은 우주적응증후군의 챔피언 중 챔피언으로 유명해. 훗날 그에게 우주비행사들을 위한 훈련소도 헌정하게 될 거야. '이 사람처럼 하지 않도록 조심하시오' 시리즈의 일환으로 말이지.

그리고 우주적응증후군 등급 척도는 그의 이름을 따서 불리게 돼. 이 척도의 (도달할 수 없는) 최고 수치는 1가른Garn이야. 쉽게 설명하자면 만약 누군가 0.5가른까지 이르게 된다면, 제발 살려 달라고 하늘에 빌게 될걸?

증상으로 멀미만 있는 건 아니야. 우리 몸무게의 2/3는 물이 차지하고 있어. 지구에서는 중력 때문에 물이 발쪽으로 향하지. 하지만 우주에서 물과 액체류는 선호하는 방향이 없어. 어느 날은 다리에서 약 1L의 물이 '빠지고' 반대로 머리는 부풀 거야. 우주에서 촬영한 영상을 유심히 보면 비행사들이 지구에 있을 때보다 더 토실토실해 보이지? 이를 만화 피너츠에 등장하는 동그란 머리의 캐릭터처럼 '찰리 브라운 효과'라고 불러.

이렇게 붓는 현상은 코 내부에도 영향을 미쳐. 그래서 우주비행사들은 심한 감기에 걸린 듯한 느낌을 받게 되고, 제대로 숨을 쉬지 못해. 또한 맛없는 약을 삼켜야 할 때 코를 막듯이 후각과 미각이 둔감해져.

한 성질 하는
사령관 쉬라

1968년 10월 11일.

아폴로 7호는 아폴로 계획의 첫 번째 유인 임무야. 그리고 세 명의 우주비행사를 태운 최초의 미국 임무이기도 하지. 월터 쉬라Walter Schirra, 돈 아이셀Don Eisele 그리고 월터 커닝햄Walter Cunningham은 여러 임무 중에서도 우주선과 달 탐험에 관한 몇 가지 핵심 전략을 실험하는 과제를 부여받아.

매우 중요한 임무이기에 NASA에서는 노련한 월터 '월리' 쉬라에게 지휘권을 맡기기로 하지. 그는 스위스-사르데냐 출신으로 과거 전투 조종사로 활약했으며 역사적인 미국 최초의 우주비행사 그룹(셰퍼드, 그리섬 그리고 글렌)에 선발되기도 했어.

쉬라는 이미 머큐리 계획과 제미니 계획 일원으로 비행한 적이 있었고 이제는 아폴로호로 처음 비행하는 사람이 될 거야. 이보다 훌륭하게 우주비행사로서의 경력을 마무리하는 길은 없을 테지. 실제로 그는 이번이 그의 마지막 비행이 될 것이라고 선포해. 우주에서의 마지막 11일이 될 거라고 말이야. 그런데 우주비행선을 보고 난 쉬라는 썩 만족스럽지가 않은 눈치야….

...고상하게 표현하자면

좌석은 너무 구식이라 적합하지 않았을 뿐더러 바다에 착륙해야 할 때 위험해보였어. 그것도 모자랐는지 텔레비전으로 임무가 생중계될 예정이래.

사실 로켓 발사와 초기 실험은 물 흐르듯 잘 진행되었어. 그런데 발사 시점으로부터 15시간이 지나자 쉬라와 동료들은 극심한 감기 증상을 보이며 숨을 제대로 쉬지 못해.

월리는 극도로 예민해져서 사소한 일도 그를 괴물로 변하게 만들고 있어. 음식은 맛없지, 캡슐은 좁아터질 것 같지, 똥 봉투는 고약한 냄새를 풍기지….

농담이 아니고 전부 사실이야. 우주 식량은 진공상태로 수분이 제거된 음식이거든. 때로는 치약 같은 용기에 들어간 반죽 같아서 입에 바로 대고 짜면 돼. 우주에서 맛이 덜 느껴지는 건 이럴 때 참 다행이야.

아폴로호는 머큐리나 제미니호보다 훨씬 크긴 하지만 세 명이서 11일 동안 지내다 보면 좁게 느껴질 거야. 그리고 똥 봉투는… 뭐 그냥 똥 봉투 아니겠니. 장미향은커녕 좋게 말해 비료향이 나는 거지. 그러니 월리의 기분이 좋지 않은 건 충분히 이해할 만해. 하지만 이런 문제는 출발하기 전부터 그도 알고 있었어.

쉬라의 우울한 기분은 동료들에게도 전염되어 한 번씩 코를 풀 때마다 아폴로 7호 대원들은 건드리기 힘든 무리로 변해가고 있어. 콧물을 훌쩍거리면서 진행한 매우 섬세한 우주 실험 도중에 갑자기 휴스턴에서 지구와의 방송 연결 시간이 왔다고 말해. 참다못한 쉬라는 랩하듯 거친 말들을 쏘아붙이며 대답하지.

"@*$#*!"

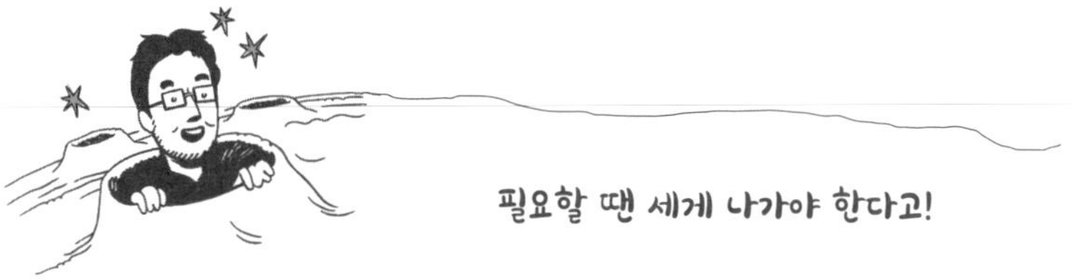

필요할 땐 세게 나가야 한다고!

어쨌든 결국엔 휴스턴에서 방송 연결을 하도록 시키고 세 우주비행사는 시청자들을 기쁨으로 맞이하다가 다시 실험 작업으로 돌아와. 코 푸는 일과 더불어 말이야.

그러나 최악은 아직 오지 않았어. 지구로 돌아가기까지 아직 좀 남은 시점에 쉬라는 폭탄 발언을 해. "지구로 돌아가는 건 헬멧 없이 가겠다."

새로운 헬멧 장비는 차광 쉴드를 올릴 수 없어 물고기 어항에 더 가깝다고 볼 수 있어. 이 말은 곧 우주비행사들이 코를 풀 수 없을 거라는 뜻이야. 이들은 축적된 점액과 우주복의 압력이 그들의 고막을 파열시킬까 봐 두려워하고 있어.

관제소에서는 압력과 산소 유실로 사망한 비행사 셋보다는 망가진 고막 여섯 개가 훨씬 낫다고 생각해. 그래서 쉬라를 설득하려 하지.

"좋아. 한번 해 봐. 그렇지만 우리가 헬멧 없이 착륙해본 경험이 전무하다는 건 명심하고."

"우리는 이 헬멧을 쓰고 착륙해본 경험도 없잖아."

쉬라는 절대 호락호락한 사람이 아니야. 이어서 여기에 굳이 옮기지 않아도 될 말들이 오고 가. 종이 위에 잉크로 굳혀 놓기에는 너무 시적이고 고상한 표현들이라 말이지.

결국 휴스턴에서는 우주비행사들이 헬멧을 쓰도록 물리적으로 협박할 방법이 없어. 그리고 쉬라는 NASA에 자신의 적이 생기는 일 따위는 중요하지 않아. 이번이 마지막 비행이거든.

다행히 지구로 돌아오는 비행은 말 그대로 완벽할 거야. 하지만 기내에서의 반란을 그냥 순순히 넘어가진 않겠지. 언론매체에서는 '101% 성공한' 임무라고 보도하겠지만 이상하리만큼 돈 아이셀도, 월터 커닝햄도 다른 우주임무에 선발되지 않아.

우주비행사가 되기 전에 알아야 할 것들

앞에서 살펴본 우주적응증후군은 시간이 지나면 극복할 수 있는 문제야. 그런데 더 심각한 문제들도 있지.

예를 들어 혈액은 장기적으로 봤을 때 혈장과 적혈구를 잃게 되어 운반하는 영양분과 산소가 점점 줄어들어. 더 이상 중력에 저항할 필요가 없어진 심장은 심박 속도가 줄어들고, 심장조직은 수축되어 심장은 더 동그란 모양으로 변해.

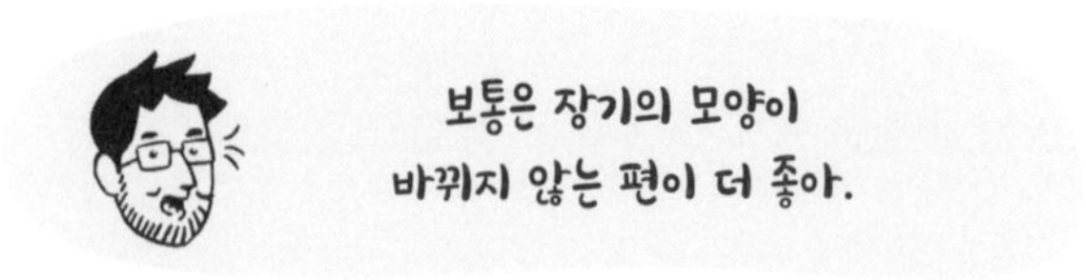

척추는 우주에서 쭉 뻗어서 키가 5cm까지 더 커지기도 해! 멋지지? 이제 농구나 배구장을 활보할 수 있게 될 거라고! 그런데 아니야. 척추뿐 아니라 척추신경도 쭉 뻗어서 어마어마한 허리통증을 유발하거든.

뼈와 근육은 매달 부피의 1%를 잃게 돼. 칼슘은 더 이상 뼈로 가지 않아. 별일이 없다면 흡입기를 통해 소변으로 빠져나가지. 그런데 문제가 생기면 가장 고통스러운 통증 중 하나라고 알려진 신장결석이 생겨. 지구로 돌아오면 뼈 조직의 유실은 바로 멈추지만 우주에서 잃은 것들을 회복할 수 있을지는 아직 알 수 없어.

심장질환을 이겨내기 위해 비행사들은 우주에 있는 동안 강도 높은 신체활동을 해야 해. 특별한 러닝머신이나 운동용 자전거를 타면서 말이야.

물론 안전띠를 잘 묶은 상태에서 하는 운동이야. 그렇지 않으면 시작하자마자 날아가 버릴 테니까. 이들은 잘 때에도 메주처럼 묶여서 자기 때문에 끈에 묶여 있는 건 익숙한 일이야.

이렇게 운동을 많이 하다 보면 땀이 나. 3일마다 한 번씩 갈아입는 일회용 옷에 땀을 흘린단 말이지. 그러니 우주에서는 냄새를 풍기며 사는 거야. 후각이 약해지는 게 이럴 때 얼마나 다행인지 몰라! 시력도 떨어지는 편인데 우주에서는 안구와 시신경을 압박하는 액체가 머릿속에 더 많기 때문에 시력이 안 좋아져. 게다가 방사선과 극미중력이 눈을 손상시켜 평소보다 빠르게 노화가 진행되지.

우주에서의 생활

함께 생활해야 하는 것들은 또 어떻고. 여기서 난 사람을 말하는 게 아니야. 동물도 아니고. 우주정거장에 서식하는 수백 종의 박테리아와 곰팡이를 말하는 거야. 우주여행이 비행사들의 면역력을 약화시키다 보니 이런 세균들이 감염, 결막염 그리고 호흡곤란을 일으킬 수 있어.

이렇게 눈에 보이지 않는 박테리아가 문제라고 생각하는 건 덩치가 너희만 한 동료들을 과소평가하고 있기 때문이야. 말도 안 되게 들리겠지만 우주에서는 공간이 부족해. 우주선이나 우주정거장은 넓을 수 있지만(중력이 없으면 지붕 바로 밑에서도 일할 수 있을 테고) 결국 공유할 공간은 그다지 넓지 않아. 그리고 의무적인 공동생활이 며칠, 몇 주 또는 몇 달까지 길어지면 서로 힘들어지기 마련이지.

하루가 끝날 무렵 우주비행사들은 서로에게 조금이라도 불편했던 것들을 다 말해야 해. 이걸 괜히 하겠어?

"내가 먹고 싶었던 냉동건조 마카로니를 네가 먹어버렸잖아!"

"아, 미안해. 그런데 너는 화장실에 42초나 더 오래 앉아있었다고!"

"미안해. 삶의 궁극적인 질문과 우주에 대해 생각하고 있었어."

이런 식으로 계속하는 거야. 우주비행사들끼리 원망이 쌓여 몸싸움까지 가는 일을 최대한 피해야 해. 혹은 자신의 안 좋은 기분을 동료들에게 전염시키는 일도 없어야 하지. 아폴로 7호에서 일어난 경우처럼 말이야. 심리학자들은 우주비행사들이 길게 보았을 때 분노뿐 아니라 고단함, 졸음을 느끼거나 실재하지 않는 고통이나 질병을 두려워할 수 있음을 입증했어.

여행 초반에는 우주를 마주할 때의 광경이 경이로움과 평화, 자연과의 하나됨 같은 감정을 불러일으켜. 하지만 이런 긍정적인 상태는 시간이 지나면서 사라지고 동료들이나 지상에서 말하는 사람들의 멱살이나 잡고 싶어지지.

'특히' 지상에서 얘기하는 사람이 못마땅하게 느껴질지도 몰라. 편한 소파에 앉아 위험하고 불편하며 불가능한 일(이를테면 숨도 못 쉬게 헬멧 차광 쉴드를 내린 채 지구로 돌아올 것), 혹은 매우 힘든 일이나 명령하니 말이야.

우주 파업과 뿡뿡이

1973년 11월 16일.

신참 제랄드 카Gerald Carr, 윌리엄 포그William Pogue, 에드워드 깁슨Edward Gibson은 우주탐험의 역사를 다시 쓰려고 해. 스카이랩 4호Skylab 4가 그들을 미국 최초의 우주정거장으로 데려가기 위해 출발하고 있어.

임무는 순조롭게 시작되지 않았어. 1972년 우주정거장은 궤도로 발사되는 동안 훼손되었고, 그 정도가 얼마나 심했는지 스카이랩 2호와 3호의 비행사들이 손상된 부분을 고치는 데에만 각각 28일과 59일이 걸렸을 정도야. 그런데 스카이랩 4호의 세 비행사들은 그 정거장에 심지어 더 오래 머물러야 해.

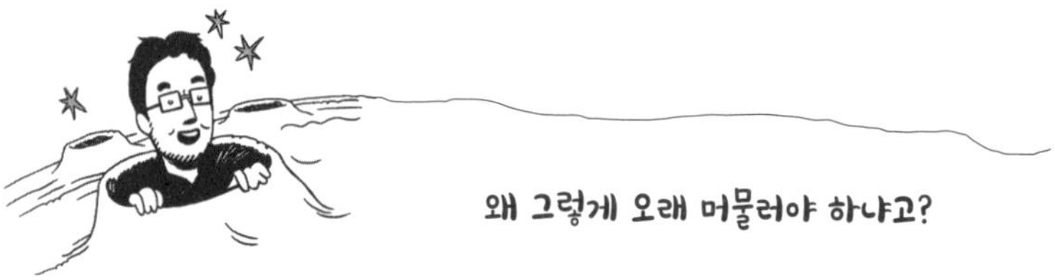

왜냐하면 스카이랩을 최소 5년 동안 쉬게 만들기 전 마지막 임무가 될 거거든. 다시 말해 정거장이 긴 겨울잠에 들어가기 전, 준비할 일이 산더미란 뜻이지.

정거장 수리만 제외하면 앞선 임무들은 매우 성공적이었고 우주비행사들은 늘 예상했던 것보다 훨씬 많은 업무를 소화해냈어. 하지만 스카이랩 4호는 그렇지 않았지.

윌리엄 포그는 바로 극심한 우주멀미를 호소해. 동료들은 곧 지나갈 증상이라 생각하고 이 사실을 관제소에 숨기지. 모든 대화가 녹음되어 관제소에서 듣고 있다는 것을 깜박한 거야. 지상에서 그들의 상관과 의사들은 이 사실을 알게 되고 그들을 혼내며 그때부터 대원들의 진실성을 의심하게 돼.

어쨌든 일은 시작해야 해. 비행사들에게 주어진 임무 수행 목록은 아주 빽빽할 뿐더러 NASA에서 산정한 기한은 너무 비현실적이야. 말하자면 16세기에 이런 일이 일어난 셈이지.

"미켈란젤로? 미켈란젤로?"

"부르셨습니까, 교황 폐하."

"사도 궁전에 좀 허전해보이는 예배당이 있는데… 프레스코화 몇 점 더 그려 넣을 수 없나?"

"가능해보입니다, 교황 폐하."

"잘됐군. 자네에게 3일 주겠네."

스카이랩에 탑승한 셋은 순서대로 다음과 같은 임무를 해야 해.

- 실험을 위한 수천 가지 도구 준비하기
- 일부는 본 적도 없는 실험하기
- 지구 관찰하기
- 태양 관찰하기
- 몇 달 전에 발견된 코후테크Kohoutek 혜성 연구하기
- 우주정거장 정비하기

일하는 날은 하루 16시간 근무인데 비행사들은 업무계획표에서 이미 뒤쳐져 있어. 그들의 상황을 이해할 리가 없는 관제소에서는 식사 후 쉬는 시간과 모든 자유 시간을 포기하라고 좋은 마음으로 이야기해. 업무계획표대로 맞출 때까지 말이지. 성탄절에도 그들은 우주유영을 하도록 강요당하는데, 그건 글쎄 한동안 역대 최장 우주유영이었을 정도라지.

결국 녹초가 된 우주비행사들은 반항하기로 결심해. 12월 28일 사령

관 카는 관제소에 이렇게 얘기하지.

"오늘 저희는 하루 휴가를 갖도록 하겠습니다."

그리고 라디오 교신 장치를 꺼버려. 최초의 우주 파업이 공식적으로 시작된 거야.

우주비행사들은 오랜만에 수다를 떨며 긴장을 풀고 우주 풍경도 구경하고… 샤워도 하면서 휴가를 만끽해. 실제로 스카이랩에는 샤워실이 있어. 마대자루처럼 생긴 곳 안에서 3L 정도의 가압 온수를 기계로 쏘았다가 다시 빨아들이는 거야.

어찌나 실용적인 기계인지 준비, 분사 그리고 흡입까지 대략 2시간 반 정도 걸려. 실제 샤워시간은… 몇 분 안 되지만.

바로 이런 이유 때문에 세 사람이 씻는데 하루 종일 걸린 거야. 힘든 과정 탓에 샤워실에서 이미 땀을 흘리며 나온다니까? 게다가 문제가 하나 더 있어. 마시는 물과 씻는 물은 대량의 가스와 함께 가압통에 들어 있어. 우주정거장 주민들이 삼키게 되는 가스이지. 우주비행사 한 명당 하루에 500번씩 뿡뿡거리니 문제가 금방 드러나. 게다가 스카이랩에서는 환기를 위해 창문을 열 수도 없는 노릇이야!

오늘날에는 이유를 알 수 없지만 그 장치는 버려졌어. ISS에는 샤워실이 없고 물티슈와 거품이 나지 않는 특별한 물비누로 몸을 닦아. 머리용으로는 약간의 물과 드라이 샴푸를 사용해. 물론 루카 파르미타노Luca Parmitano처럼 대머리일 경우 빨리 끝나겠지.

파업이 끝나고 스카이랩 4호가 다시 교신장치를 가동하자 NASA는 처음에 노발대발해. 하지만 곧 자신들도 비행사들에게 너무 많은 것을 요구

했음을 인정하고 보다 협조적인 자세로 식사시간을 비롯하여 온전한 휴식시간을 허용하지. 분 단위로 짜인 업무계획표는 찢어버리고 시간을 좀 더 자유롭게 사용할 수 있는 임무 목록으로 대체한 거야. 불과 며칠 만에 우주비행사들은 회복된 열정과 마음으로 임무를 수행하고 마침내 본부에서 요구한 모든 일과 그 이상을 해내.

1974년 2월 8일, 세 사람은 84일 간의 임무 수행을 마치고 무사히 지구로 돌아와.

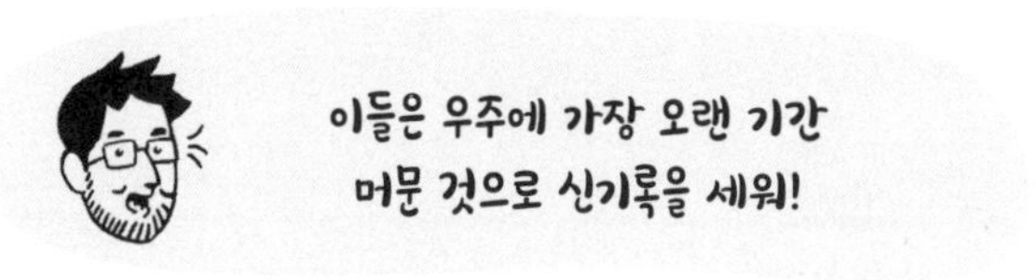

스카이랩 4호의 경험은 아폴로 7호와 마찬가지로 NASA가 참가자들의 심리상태를 고려하여 우주비행사들의 임무를 보다 잘 계획하도록 하는 계기가 돼. 회사는 장기 임무를 단기 임무처럼 관리할 수 없다는 사실을 배우지. 매일 수천 개의 과제로 혹사되는 건 짧은 기간에야 괜찮지 몇 달 동안 견딜 수는 없는 일이니까.

오늘날 ISS에서 우주비행사들은 특별한 과제 몇 가지를 제외하면 어느 정도의 자치권과 기내 생활 중 휴식을 누릴 수 있는 자유 시간을 인정받고 있어. 물론 맛있는 음식은 빠진 휴식이지만. 어쨌든 뭐든 끝이 좋아야 좋은 법이지.

아폴로 7호의 임무처럼 스카이랩 4호에 올랐던 비행사 중 어느 누구도 그 이후로 우주비행에 선발되지 못했어. NASA는 지난날의 반란을 잊지 않기 때문이지.

카드로 성을 쌓아 봐.
아니면 멋진 체스 경기 어때?
밖에 산책 한 바퀴 하고 와.
그건 불가능해!
식물을 좀 가꿔 봐.
맛있는 음식으로 같이 저녁식사를 하는 거야.
건조된 라자냐를 먹을래, 냉동건조 까르보나라를 먹을래?
긍정적으로 생각해!
이 창 밖에서는 몇 초 만에 숨이 막혀 죽고 말 거야. 거시공동이 너를 달걀 뒤집듯 할 테고, 태양열과 방사선은 너를 당장 태워버릴 수 있어!

5장

'신의 손'
제임스 러벨

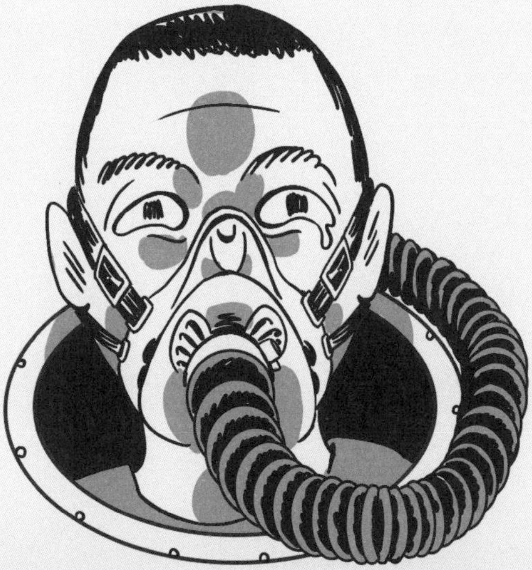

1968년 10월로 예정된 아폴로 7호 임무는 첫 번째 아폴로 실전 임무야. 그리고 매우 고난이도지. NASA에서는 모든 일이 예정대로 진행될지 확신하지 못할 정도야.

한편, 그들은 아폴로 8호 대원 선발 작업을 그동안 계속 이어가. 이번이 두 번째 비행인 사령관 프랭크 보먼Frank Borman과 사령선 조종사 마이클 콜린스Michael Collins, 달착륙선 신참 조종사 윌리엄 앤더스William Anders가 최종 탑승하는 것으로 결정돼.

하지만 7월에 마이클 콜린스가 추간판 탈출증으로 수술을 받게 되면서 그를 대체할 사람이 필요해져. 그리고 그의 자리에는 예비 대원 사령관인 제임스 '짐' 러벨이 세 번째 비행으로 합류하지.

러벨은 최종 탑승 대원 중 가장 경험이 많음에도 불구하고 지휘권을 갖지는 않을 거야. 마음이 불편해질 수 있는 상황이지만 다행히 보먼과 러벨은 제미니 7호 임무에서 이미 함께 성공적으로 일한 적이 있어. 우주체류 최고 기록을 세우면서 말이지.

특히 짐 러벨은 역사적인 임무가 될지도 모르는 일에 까다롭게 굴 필요가 없음을 알고 있어.

맞아, 어떤 임무가 될지 아직 모르기 때문이야. 지구 궤도 비행일까? 달 궤도 비행일까? 혹은 반반일까? 모든 건 아폴로 7호 임무가 어떻게 되는지에 달려 있어. 그러니까 아폴로 8호의 대원 세 명은 각기 다른 세 가지 임무를 수행하도록 준비되어야 해. 정말 지옥 같은 훈련이지.

달 위의 낡은 기관차

잠깐의 반란만 제외하고 아폴로 7호 임무는 대성공이야. 그러니 NASA는 달 주변을 도는 더 어려운 임무에 도전하기로 해. 1968년 12월 21일 오전 7시 51분, 케이프 케네디(오늘날의 케이프커내버럴)에서 세 명의 우주비행사는 앤더스가 '부서질 것 같은 선로 위를 덜덜거리며 달리는 낡은 기관

차'라고 표현한 로켓을 타고 출발해.

이륙은 정말 성공적이었어. 오전 10시 57분에 비행사들과 관제소 사이에 교신 담당이 된 마이클 콜린스는 지구 궤도를 벗어날 준비가 되었다는 신호를 보내. 대원들의 심장 박동수는 즉시 별에 닿을 듯이 솟아올라.

보먼과 러벨, 엔더스는 다른 좁은 행성의 중력권에 뛰어들기 위해 자신의 안전한 행성을 뒤로 한 최초의 인간들이 될 거야. 1,372km에 달하는 제미니 11호의 앞선 고도 기록은 곧 갈아치워질 운명에 처했어. 아폴로 8호가 지구로부터 400,000km 떨어진 지점을 스칠 테니 말이야. 세 우주비행사가 푸른 행성에 손을 흔드는 동안 사령관 보먼은 역사상 우주에서 전하는 최초의 기상 예보를 해. "그쪽 부근에 관찰되는 태풍으로 보아 티에라델푸에고 주민들은 우비를 입는 편이 좋겠습니다."

지구 궤도 밖으로 나가기 위해서는 정확한 방향을 잡아야 해. 그러기 위해서는 우주선을 그렇게 높은 곳까지 쏘아올린 로켓의 끝부분에서 멀어져야 하지. 곧 남은 연료가 방출될 테니 근처에 가지 않는 편이 좋을 거야. 그리고 걱정 마, 러벨이 조종할 거니까. 그는 제일 경험이 많은 사람이야! 밀어내기 한방이면 이 문제는 끝난다고!

음... 거의 그렇다고 할 수 있지....

분리된 로켓은 그리 멀리 떨어지지 않아. 백 미터를 겨우 넘기지. 그러다 점점 위협적으로 다가오기 시작해. 곧 그들을 직격으로 들이박기 직전이야.

세 우주비행사는 그… 반갑지 않은 여행 친구를 피하기 위해 계획에도 없던 조종을 해내야 해. 그것도 신속하게! 다행히 이들은 이 어려운 일마저 해내지. 그리고 이제 본격적인 비행을 시작할 준비가 끝났어.

윽, 냄새야!

머큐리와 제미니 우주선에 비해 아폴로는 공간이 굉장히 넓어. 개인 소지품을 위한 사물함도 있어. 정말 럭셔리하지. 그런데 이건 미국 비행사들이 처음으로 충분히 움직이고… 또 아플 여유 공간이 생겼음을 의미하기도 해. 멀미로 약간 고생할 것은 예상한 일이었어. 아폴로 7호 임무 당시에도 그런 문제가 있었는데 이는 아폴로 8호와 비교하면 아무 일도 아니었지. 제미니 7호에서 2주간 임무를 수행한—말 그대로 좌석에 묶여 있었던—러벨과 보먼에게도 그런 상황은 처음이었어.

여행 하루 만에 보먼은 몸이 좋지 않아 5시간을 자고 일어나. 아스피린을 두 알 먹어보지만 소용이 없어. 열, 구토 그리고 설사가 시작되고… 두 동료는 어쩔 수 없이 우주선 내부를 떠다니는 '입자'들을 주우러 다니게 생겼어.

냄새가 어찌나 심했는지 앤더스는 기내에 화재가 날 경우 사용해야 할 산소마스크를 쓰기로 결심하지. 잠시 후에는 앤더스와 러벨도 멀미를 하기 시작해. 지상에 있는 의사들은 그 상황을 매우 우려하여 임무 취소에 대한 이야기까지 나와.

그런데 고려해야 할 요소가 두 가지 있어.

첫 번째, 대원들이 우주선을 더럽히고 있어서 달 탐사계획을 취소한다고 언론에 어떻게 설명할 거야?

두 번째, 우주선을 돌리기에는 지금 지구와 거리가 너무 멀어져버렸어.

쉽게 말해 그냥 계속 가는 거야.

다행히 그 증상들은 비교적 빨리 사라져. 훗날 콜린스는 당시 상황을 매우 재치 있게 묘사할 거야. "그들은 자신의 요람을 벗어난 최초의 인간들이었어요. 즉시 소아과 의사가 필요해졌지만 말이죠."

좋아, 그럼 반대편에서 다시 만나자

최고의 순간은 하필 성탄절에 다가왔어. 아니, 산타 할아버지가 주신 선물 개봉식을 말하는 게 아니야. 적어도 NASA에서는 그렇게 생각하지 않아.

아폴로 8호의 대원들은 달에 이르러서 지구로 돌아가기 전에 그 주위를 돌기 시작할 참이야. 관제소의 시야에서 사라지면서 말이지. 러벨, 앤더스 그리고 보먼은 달의 뒷면을 생생하게 관찰할 최초의 인간이 되기 직전이야. 그것도 아주 가까이에서!

세 사람은 무엇을 보게 될지에 대해 농담을 주고받아. 112km 높이의 산처럼 피해야 할, 깜짝 놀랄 만한 위험일까? 사실 이들은 좀 긴장한 상태야. 비행 속도를 늦추고 달 궤도를 따라 도는 조종법은 좀 복잡하거든. 엔진이 1초라도 더 길거나 짧아도 안 되고 정확히 247초 동안 작동해야 해. 더 짧은 시간 동안 작동하면 아폴로호를 지구에서 멀어지게 만들고 비행사들은 우주에서 실종되고 말 거야. 그리고 그보다 더 긴 시간 동안 작동하면 우주선이 달과 충돌할 거고.

이것도 모자라 세 사람은 철저히 고립되었어. 달 뒤로 넘어가게 되면 관제소와의 교신이 끊어질 거거든. 지상에서는 임무의 성공 여부를 달 반대편에서 우주선이 머리를 내밀 때에야 알 수 있어. 모든 일이 순조롭게 진행된다면 아폴로호는 45분 후에 다시 나타날 거야. 만약 너무 빨리 혹은 너무 늦게 나타난다면 조종에 실패했음을 의미할 테지.

"좋아, 그럼 달 반대편에서 다시 만나자."

교신이 끊기기 직전에 러벨이 말했어. 이후 짐은 그때를 인생에서 최고로 긴장한 순간으로 묘사할 거야. 다음 장에서 살펴보겠지만 긴장감 넘치는 순간으로 가득 찬 인생이지. 지상에서는 45분 동안 파리 한 마리 나는 소리조차 들리지 않아.

그러나 정확히 45분 후 비행사들의 교신 소리가 들려와. 완벽하게 조종에 성공한 거야!

지구에서 알고 싶어 하는 점은 딱 하나야. 거기서 바라본 달은 어떨까? 모두가 궁금해 하며 상상의 나래를 펼치고 있어.

그런 상황에서 또 흥을 돋우기에 러벨만 한 인물이 없지.

"휴스턴, 달은 원래 회색빛이야. 색이 없어. 석고 같아 보여."

앤더스가 상황을 좀 수습해보려고 나서.

"모래사장 같기도 해. 해변에 있는 회색 모래 종류 말이야."

산타 할아버지는 정말 존재해!

딱딱하기 그지없는 묘사는 뒤로하고, 세 사람은 달 주위를 도는 동안 관광객처럼 사진을 찍기 시작해. 하지만 그들의 목적은 집에 추억이 될 만한 물건을 가져가는 것이 아니라 달에 착륙할 만한 지역을 찾는 거야. 예를 들어 '평온의 바다'라고 불리는 매우 흥미로운 구역이 있지.

우주비행사들이 찍은 여러 사진 중 역사에 남을 한 장은 달 지평선 위로 떠오르는 지구의 모습이야. 러벨은 이를 "거대한 우주에 떠 있는 위대한 오아시스"라고 표현했어.

한번 생각해 봐. 우주비행사 외에도 배경으로 지구 사람들이 다 나오는 거잖아! 하지만 그런 세계기록은 제외하고도 그 사진은 미래 세대의 환경운동에 영감을 줄 거야.

다시 열 번째 궤도 비행 중인 우리 임무로 돌아가 보자. 이제 집으로 돌아가는 거야. 엔진을 정확히 304초간 켜야 하는데 이번에도 지구와 교신할 수 없는 상태에서 일을 진행해야 해. 무언가 잘못되면 세 우주비행사는 달 궤도에 몇 년을 더 남아있어야 할지도 몰라. 산소가 공급되는 날은 며칠뿐인 상태로 말이야.

적막과 긴장감으로 가득한 몇 분이 지나자 러벨의 목소리가 관제소 상황실을 뚫고 들려왔어. "산타 할아버지가 실존한다는 사실을 전해드리게 되어 기쁩니다."

모든 일이 바라던 대로 진행되었고 우리의 영웅들은 집으로 돌아오는 길이야. 고비는 이제 지나갔어. 적어도 러벨이 뭔가를 건드리기 전까지는.

손대지 마,
러벨

지구로 돌아오는 길에 짐은 지루함을 느낀 모양이야. 그래서 우주여행에 도움이 될 만한 몇 가지 연구를 하면서 시간을 보내기로 하지. 짐은 별들을 관찰하기 위해 '육분의'라는 기계를 활용하여 방향을 잡고 선실 컴퓨터 자판을 두드려.

그런데 노련한 손가락으로 자판을 빠르게 두드리다가 기내 컴퓨터 메모리의 절반을 그만 지워버리고 말아. 불쌍한 컴퓨터는 이제 우주선이 출발 당시와 동일한 방향으로 향해 있다고 인지하고 아폴로호의 위치를 '바로잡기 위해' 추진기를 자동으로 가동시켜.

어떻게 해야 할까? 최대한 빨리 실제 위치 데이터를 입력해야 해. 그렇지 않으면 우주선이 거꾸로 돌아서 지구로 돌아갈 테니까. 게다가 대기에서 불탈 위험까지 있어!

아주 잘했어, 짐.
역시 경험은 배신하지 않아.

러벨이 리겔과 시리우스를 활용하여 정렬을 맞추고 정확한 수치를 계산하는 데 10분이 걸려. 이어서 컴퓨터에 데이터를 입력하는 데 다시 15분이 소요되지. 입술이 바짝 마르는 30분이었어.

짐은 30년 동안 그 사건을 지상 요원이 의뢰한, 계획된 실험처럼 포장할 거야. 마지막까지 가서야 실수를 인정할 테지.

12월 27일, 기계선에서 분리된 후 아폴로호는 무려 초속 9.7km라는

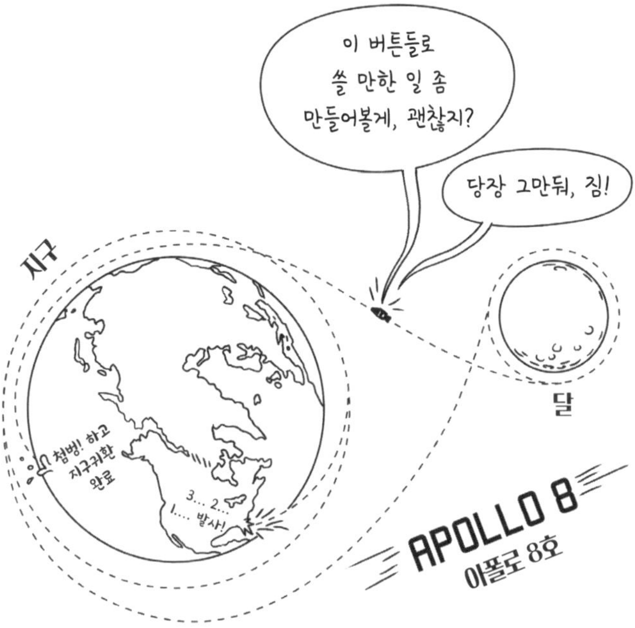

새로운 기록을 세우며 지구 대기권 속으로 뛰어들어. 본인 체중의 9배나 되는 무게가 비행사들의 가슴을 짓누르지. 열차폐막은 태양 표면에 비할 만한 온도까지 도달해.

동트기 전 낙하산을 펼친 캡슐은 태평양에 어찌나 정확하게 착수했는지 구조선 위로 떨어질 뻔해. 이 같은 경험 덕에 미래 구조선들은 귀환 지점에서 더 멀리 떨어진 곳에서 머물게 되지.

바다에 착수하는 과정에서 아폴로호는 위치등을 잃어버려. 게다가 비행사들을 구조해야 하는 잠수부는 어둠 속에서 입수하길 거부해. 그 지역 상어들은 밤 사냥을 즐긴다지? 결국 비행사들은 예정된 시간보다 45분 이상 우주선 안에서 대기하게 돼.

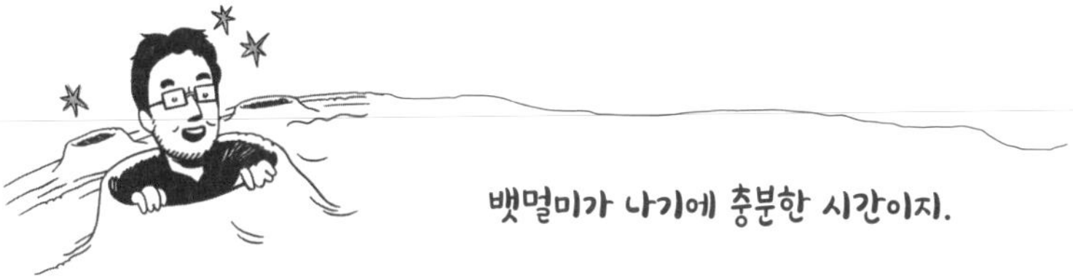

어쨌든 러벨의 '신의 손'…과 보먼의 장 트러블에도 불구하고 아폴로 8호 임무는 성공적이야. 그리고 세 우주비행사는 우리 위성 최초의 자원 탐사가들이 되었고. 존드 5호의 거북이, 초파리는 자발적으로 비행에 임하지 않았으니 말이야….

뉴욕 타임스는 그들의 임무를 '환상적인 오디세이'에 비유하며 보도할 거야. 오싹할 정도로 시적인 표현이지.

아폴로 13호 임무

1970년 4월 11일. 아폴로 13호 임무는 케네디 우주센터 39-A 발사대에서 시작해. 비의 바다Mare Imbrium와 프라 마우로Fra Mauro 고지에 위치한 지질학적으로 매우 흥미로운 지역에 달 착륙을 기대하는 미국의 세 번째 파견이지. 그들의 바람은 거대한 유성충돌로 아주 깊은 지대에서 표면으로 올라온 오래된 암석을 발견하는 거였어.

사령관으로는 앨런 '바지에 오줌 싼' 셰퍼드가 예정되지만 귀에 염증이 나는 바람에 우주선에 오르지 못해. 그의 자리에는 고참 짐 '아무것도 손대지 마' 러벨이 네 번째이자 마지막 우주비행에 올라. 오랜 경력의 마침표에 달 착륙보다 근사한 성취가 어디 있겠어? 반면 아쿠아리우스 달착륙선 조종사 프레드 헤이즈Fred Haise는 이번이 첫 번째 비행이야. 원래 세 번째 대원은 친구들이 '켄'이라 부르는 토마스 케네스 매팅리Thomas Kenneth Mattingly 2세여야 했어. 그런데 출발 5일을 앞두고 달착륙선 예비 조종사 찰스 듀크Charles Duke가 자녀 중 한 명으로부터 홍역이 옮았다는 사실이 밝혀져. 그리고 이는 켄에게도 위험했지. 4월 9일 발사 48시간 전, 매팅리는 사령선 오디세이를 운전할 예비 조종사 존 '잭' 스위거트John Swigert로 대체돼.

오디세이라니. 내가 묻고 싶은 건, 광활한 우주에서 일주일 동안 너를 태우고 돌아다닐 깡통을 부를 수 있는 수많은 이름을 두고 너라면 굳이 '오디세이'를 선택하겠느냐는 거야. 그런 사람들이 부적절한 작명으로 거스 그리섬에게 화를 냈다지….

러벨과 헤이즈는 스위거트를 얼마나 믿어야 할지 감을 잡을 수 없어. 그가 훌륭한 조종사가 아니어서가 아니라 예비 조종사였던 만큼 매팅리보다는 훈련을 적게 받았기 때문이야.

어쨌든 세 사람은 출발해. 목적지는 프라 마우로 고지야. 총무게가 135,000kg인 아폴로 13호는 지금까지 발사된 우주선 중 가장 무거운 우주선이야. 독보적인 무게와 더불어 바닥짐으로 12톤의 연료가 더 있어. 미래에 활용될 더 무거운 우주선을 대비하여 실험을 하자는 취지였어.

이륙 중에 1단 로켓의 5개 엔진 중 하나가 힘을 잃으며 '버벅거리기' 시작해. 기내 컴퓨터는 폭발이나 심각한 문제를 예방하기 위해 5번 엔진을 꺼버려. 큰 문제는 아니야. 빈자리를 메우기 위해 나머지 네 개를 30초간 더 돌리면 되니까. 연료가 부족한 상황도 아니고.

세 우주비행사는 지구 궤도를 별다른 문제없이 벗어나. 3일간의 지루한 여정이 그들을 기다리고 있어.

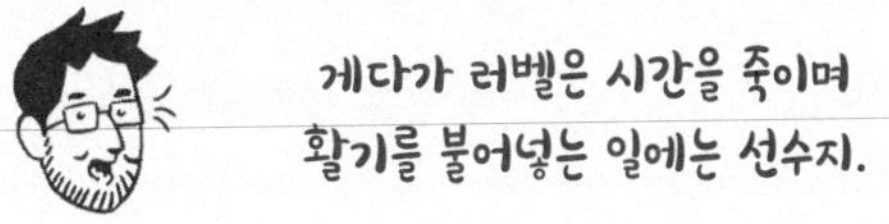

첫 이틀 동안에는 어떤 특별한 일도 일어나지 않아. '최강 기억력' 스위거트가 소득신고서를 제출하지 않은 사실을 깨닫고 어마어마한 과태료를 내게 될까 봐 두려워한 것 말고는 말이야. 휴스턴에서는 국세청이 국외에 머무는 미국 시민들에게는 덜 포악하고, 현재로서는 스위거트보다 더 국외에 있는 사람을 상상하기는 힘든 거 아니겠냐며 그를 안심시켜.

그런데 스위거트는 비행계획표 몇 장도 지상에 두고 왔음을 발견해. 덕분에 모두를 집에 무사히 데려갈 책임자로 지목되지….

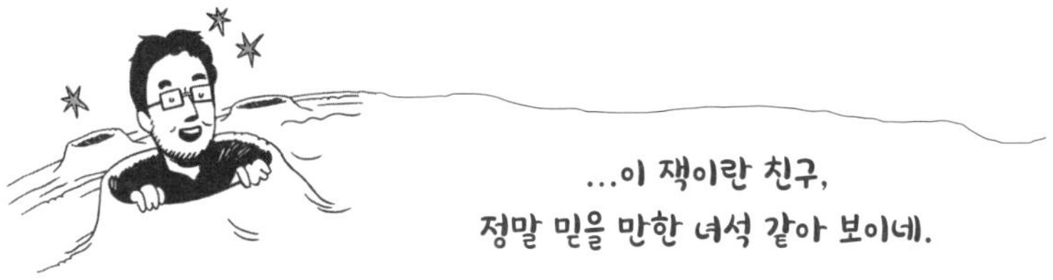

잊어버린 물건 얘기는 이제 접어 두고, 비행은 너무나 정석대로 진행되고 있어서 지상에서는 징징거리기 시작할 정도야. "얘들아… 모든 일이 물 흐르듯이 잘 진행되니까 여기 아래에서는 지겨워 죽을 지경이야!"

집에서 이들을 기다리는 사람들도 지겨울 거야. 지금까지 달에 두 번 다녀왔고 뭐 항상 똑같은 이야기잖아! 국제 언론사도 더 이상 관심이 없고, 아폴로호와의 독점 중계권을 사들인 TV 방송 채널도 없어. 하지만 대원들은 이 사실을 몰라.

휴스턴,
문제가
생겼다

어느 날 아침, 휴스턴에서는 비행사들의 뒤쪽에 놓인 커다란 탱크 두 개에 들어있는 액체 산소를 다시 섞으라는 지시를 해. 액체 산소는 숨 쉴 수 있는 공기와—연료전지 수소와 섞이면서—항공 시스템 전반에 전기를 공급하며 마실 물과 주요회로 냉각수도 생산해. 쉽게 말해 매우 유용한 친구지. 그런데 한 번씩 탱크 안에서 층을 생성하는 경향이 있어 잔량이 얼마인지 파악하기 어렵게 만들어. 그러니까 탱크 내부의 작은 송풍기를 이용하여 층을 없애줘야 해. 이건 이번 비행에서 이미 한번 겪어본 표준절차야.

하지만 이번에는 스위거트가 송풍기 스위치를 돌리자 어디선가 불꽃이 튀어. 비행 시작 55시간 55분 만에 지구에서 330,000km 떨어진 거리에서 우주비행사들은 굉음을 듣게 되고 거센 진동으로 인해 흔들리고 있어.

산소와 접촉한 불꽃이 탱크를 공중에 튀어 오르게 만들었고 철판을 깨버리며 우주선과 대원들의 생존에 핵심적인 회로를 손상시켰어. 새는 구멍을 최대한 막기 위해 안전밸브들이 즉시 닫혔지만 손상이 너무 심각한 상황이야. 귀하디귀한 액체산소 탱크 중 하나가 날아갔거든.

지상에서는 우주선 데이터가 몇 초 동안 모니터에서 갑자기 사라져. 야간 근무조 항공기관사들은 무언가 잘못되었음을 감지해.

한편 오디세이호 내부에는 경보음이 계속해서 울리고 있고, 전력이 크게 감소하고 있어.

스위거트는 교신으로 이야기해.

"휴스턴, 여기 문제가 생겼다."

"다시 말해 봐."

"휴스턴, 여기 문제가 생겼어."

러벨이 거듭 말했어. 완벽하고 지루했던 임무가 방금 조난영화로 변한 거야. 그 이름 오디세이처럼···

4월 14일 이른 시간, 전 세계가 아폴로 13호를 주시하고 있어. 관제소는 모든 것이 엉망진창이야. 처음에는 이 상황이 현실이라기엔 너무 기가 막혀서 진지하게 받아들이기 힘들 정도였지. 하지만 안타깝게도 실제상황이야.

그동안 세 우주비행사는 무슨 일이 일어났는지 파악하려고 해. 경고음은 멈추지 않고 경고등도 모두 켜져 있어. 그 드라마틱한 순간 지상에서나 우주에서나 어느 누구도 아직까지 우주선이 파멸했음을 깨닫지 못했어.

헤이즈는 우주선이 운석과 충돌했다고 추측하지만 데이터를 다시 찾아보면서 폭발 직전에 2번 산소 탱크의 압력이 급상승한 점을 깨달아.

폭발로부터 30분 후, 러벨은 창문 밖으로 이상한 것을 목격해. 그래서 거울을 이용해 더 자세히 살펴보기로 하지.

"휴스턴... 나 짐이야. 창문으로 보니 뭔가 우주로 새고 있는 게 보이고... 가스 같아 보여."

지상에 있는 모든 직원이 숨죽이고 있어. 아폴로 13호의 산소가 지금 우주로 새어 나가고 있는 거야. 사령선에는 길어봤자 15분 버틸 수 있는 산소와 전기가 남아있어.

달 착륙 임무는 즉시 취소돼. 하지만 문제는 이게 아니야. 세 우주비행사를 구해낼 방법을 찾아야 해. 미국 전역에 있는 수백 명의 사람들이 해결 방법을 찾기 위해 오밤중에 소환되지.

기록적인 시간 만에 비상 계획이 준비돼. 달착륙선 아쿠아리우스가 구명보트 역할을 하게 될 거야! 달착륙선은 짧은 시간 동안 두 사람이 탈 수 있도록 설계되었지만 세 사람이 6일하고도 4시간 동안 생존할 수 있는 산소와 물이 있어.

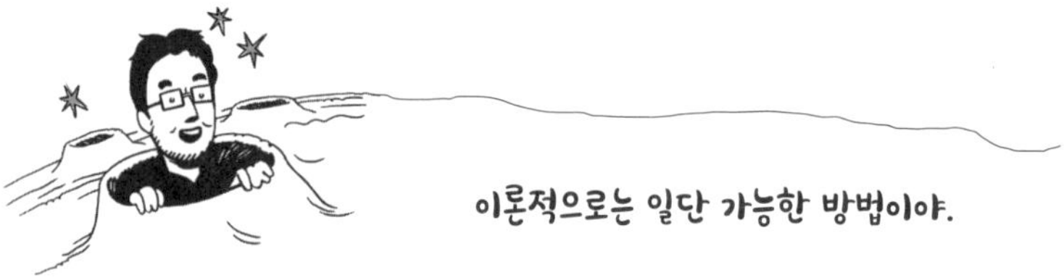

그런데 휴스턴에서 비상 계획을 실행에 옮기는 데 한참 걸려. 다행히 아폴로 13호의 세 비행사는 계속 진행하기로 스스로 결정하고 아쿠아리우스를 다시 깨우는 중이야. 이제 오디세이와 아쿠아리우스가 필요한 속도를 내서, 어떻게 달 주변을 돌도록 할지 생각해야 해. 오디세이의 엔진은 손상되었을 가능성이 있고 폭발 위험 때문에 사용할 수 없어. 그렇다면 이제 아쿠아리우스의 엔진이 남는데 이건 힘이 절반뿐인 데다 딱 한 번만 켜지도록 설계되어 있어.

의심의 여지없이 NASA가 지금까지 직면한 최악의 상황이야. 동작 하나하나가 다 예측할 수 없는 것들뿐이거든.

비행사들은 오디세이 컴퓨터에서 달착륙선으로 비행 데이터를 복사해 넣어. 그리고 지구 대기권으로 진입할 때 다시 켤 수 있기를 바라며 선내 컴퓨터의 전원을 끄지. 달착륙선의 엔진을 켜기 전, 계속 한쪽으로 기우는 우주선을 재정비해야 해. 그러니 일단 올바른 방향으로 돌려놓은 후, 아쿠아리우스 엔진을 처음으로 켜서 달착륙선과 사령선 모두를 달 뒤로, 정확한 속도와 정확한 궤도로 밀어주기만을 바라야지.

폭발로부터 5시간이 지났을 무렵 러벨은 전원 버튼을 눌러.

"휴스턴... 여기 아쿠아리우스... 준비 완료. 출발!"

완벽한 시동 걸기였어! 적어도 이제 우주선은 운석이나 궤도를 떠도는 널빤지 신세로 전락하지 않고 달 뒤를 지나가게 될 거야. 그러나 안도하는 것도 잠시뿐, 어마어마한 문제가 있어. 전기가 거의 바닥난 거야. 최대한 아껴 쓸 방법을 찾아야 해.

첫 번째 해결방안은 난방, 환기 장치, 실내조명을 끄는 거야. 몇 시간 만에 실내 온도는 12°C 이하로 떨어지지. 그런데 세 사람은 우주복이 아닌 얇은 작업복만 입은 상태야. 그도 그럴 것이 우주복을 입으면 세 명이 아쿠아리우스에 들어가 있을 수 없거든.

러벨과 동료들은 서로 껴안고 최대한 몸을 데우기 위해 문지르면서 시간을 보내지. 이제 그들은 정신을 바짝 차리고 버티기만 하면 돼.

…그리고 또 다른 거대한 산을 넘어야 해.

내 손으로 만드는 간이 필터

환기 장치가 멈춘 상태에서 공기는 점점 수증기와 이산화탄소로 채워져. 일반적인 환경이라면 달착륙선의 원형 필터가 유해가스를 흡수할 거야. 그런데 원형 필터는 40시간 동안, 대원 두 명이 탑승하는 것에 맞춰져 설계되었어. 이산화탄소 농도는 급속도로 증가하기 시작해. 조금 있으면 세 사람은 의식을 잃을 지경이야. 다행히 오디세이에는 사각형… 필터들이 아주 많이 있어.

NASA 엔지니어들에게 뜨거운 박수를 보내자. 이들이 세계 최고라는 점을 인정할 수밖에 없음을 보여줬으니까.

이 천재 엔지니어들은 즉시 회의실에 모여. 그들은 우주비행사들이 현재 기내에 갖고 있는 재료들을 총동원하여 탁자 위에 쏟아놓고 문제와 씨름하기 시작하지. 둥글고 작은 공간에 아주 큰 사각형 필터를 집어넣어야 하는 거야.

몇 시간 뒤 이산화탄소 농도가 치사량에 이를 무렵, 이들은 해결책을 찾는 데 성공해. 우주복에 있는 고무관, 플라스틱으로 코팅된 비행계획서, 비닐봉지 그리고 밀봉테이프가 필요할 거야.

좀 어리둥절하긴 하지만 세 우주비행사는 NASA 엔지니어들이 알려준 대로 필터를 개조해서 공기를 정화시키는 데 성공해. 때마침 그들은 달에 이르러 그 주위를 돌고 있어. 긴장감 넘치는 상황임에도 불구하고 스위거

트와 헤이즈는 수천 장의 사진을 찍고 흥분해서 이야기해.

러벨이 끼어들면서 이렇게 외칠 때까지 말이야. "얘들아, 그만하자! 지금 준비해서 다음 조종 단계를 성공하지 못하면 너희가 찍은 사진을 아무도 볼 수 없을 거야."

그런데 달을 보고도 러벨은 아무런 감흥이 없어. 이게 가능한 일일까? 아… 그래! 러벨은 아폴로 8호 임무 수행 때 이미 봤었지. 그리고 오늘은 그 위를 걸어 다녔어야 했고. 비록 이렇게 되었지만 말이야….

달을 선회했고 관제소와의 통신도 복구되었으니 이제 두 번째로 아쿠아리우스의 시동을 걸어 집으로 돌아가는 궤도에 오를 시간이야. 하지만 전기가 없으면 우주선의 방향을 잡아주는 자동 세팅 시스템 가동이 불가능해.

러벨은 모든 것을 수동으로 움직여야 할 거야. 다행히 그는 이미 이런 경험이 있어. 실수로 아폴로 8호의 기내 컴퓨터를 포맷시켰을 때 말이야! 이번에야말로 경험이 빛을 발하는 순간이야!

러벨은 태양을 향해 육분의를 놓아. 그리고 5분 동안 우주선을 완벽하게 똑바로 유지하면서 아쿠아리우스의 방향과 엔진을 조정해.

일반적으로 우주선 장치들은 매우 많은 열이 발생하기 때문에 뜨거워진 장치들은 물로 냉각시켜야 해. 이제 시간도 있겠다, 헤이즈는 물이 얼마나 남았는지 계산하기 시작해.

결과를 봐. 그리고 다시 계산해. 또 한 번 확인해.

얘들아, 우리에게 새로운 문제가 생겼어.

냉각기의 물은 대기로 진입하기 5시간 전에 바닥날 거야. 이젠 모든 상황이 아폴로 11호 때처럼 흘러가기를 바라는 수밖에. 그때는 임무 수행 후 달 주변에 버려진 달착륙선이 8시간 동안 냉각 장치가 멈춘 상태로 데이터를 전송했어. 그러니까 모든 것이 순조롭게 흘러간다면 안심할 수 있는 틈이 3시간이나 생기는 거야! 게다가 모든 일이 잘 풀리는 이번 임무에서 낙관적이지 않을 이유가 없겠지?

그동안 아쿠아리우스 내부 온도는 점점 내려가. 반면, 습도는 내벽 전체가 물방울로 덮일 정도로 상승해. 마침 달착륙선 이름도 아쿠아리우스(이탈리아어로 수족관을 의미함—옮긴이)겠다….

고작 엘리베이터보다 조금 넓은 공간에 끼어서 세 우주비행사는 벽에

기댄 채 흠뻑 젖어. 러벨과 헤이즈는 발이 젖지 않도록 달에서 신는 장화를 신었지만 스위거트는 그럴 수 없었어. 그는 달에 직접 착륙하는 대신 동료들을 기다리며 계속 주위를 맴돌아야 했기 때문에 장화를 지급 받지 못했거든.

이따금씩 누군가는 식량을 꺼내거나 화장실을 사용하기 위해 그동안 냉동고가 되어 버린 오디세이호에 내려가야 했어. 고장 나서 썩 유쾌하지 않은 냄새를 퍼뜨리는 그런 화장실 말이야. 세 우주비행사는 좀 쉬기 위해 수면제를 섭취해.

그들이 잠든 사이 NASA에서는 새로운 문제를 발견하게 돼. 놀랐지? 지금까지 모든 것이 너무 물 흐르듯 했어!

아폴로 13호는 현재 항로를 이탈했어. 아마 지구로 돌아오지 못하고 167km 거리에서 스쳐 지나갈 거야. 어쩌면 또 한 번의 가스 유출이 발생하여 그들을 궤도에서 더 멀어지게 할지도 몰라.

이제 할 수 있는 일은 별로 없지만 당장 움직여야 해. 별과 육분의를 활용하여 수동으로 궤도를 새롭게 수정해야 하고 아쿠아리우스의 엔진이 세 번째로 켜져야 해. 폭발하지 않기를 바라면서. 다행히 운이 좋았는지 모든 일이 순조롭게 흘러가.

17일의
금요일

17일의 금요일, 왠지 불길한 예감이 드는 새벽이야.

이제 기계선을 떼어내고 아쿠아리우스의 엔진을 다시 켜서(네 번째이자 마지막이길 바라며) 재빠르게 오디세이 사령선으로 갈아탄 뒤 달착륙선을 분리시켜 대기권으로 진입해야 해. 이 모든 일을 겨우 조금밖에 남지 않은 전기로 해내야만 하지. 다행히 지구에서는 NASA 의료진들 눈에 전혀 홍역에 걸린 것으로 보이지 않는… 켄 매팅리가 최근 며칠 동안 이 과정을 수십 번씩 실험하고 시뮬레이션해본 상황이야.

우주선에서 스위거트는 걱정이 이만저만이 아니야. 오디세이호 내부의 모든 전기회로가 물방울로 뒤덮인 상태이거든. 잠복하고 있는 불꽃이 곧 튀어나올 것만 같아. 내부 온도가 5~6℃까지 떨어졌음에도 불구하고 스위치를 하나씩 켜자 사령선은 살아나기 시작해.

기계선은 문제없이 분리돼. 그 순간에서야 비행사들은 처음으로 폭발로 인한 손상 흔적을 목격해. 러벨은 교신으로 기계선이 아주 낡은 쇳조각 같다고 보고하지.

이제 대기권 진입을 위해 속도를 줄여야 하는 순간이야. 아쿠아리우스의 엔진은 고맙게도 다시 한 번 그 힘을 견뎌내지.

오디세이호가 과열되면서 대기로 내려오자 비행사들은 비가 내리는 아주 특별한 현상을 목격해. 밖이 아니라 우주선 안에 내리는 비 말이야!

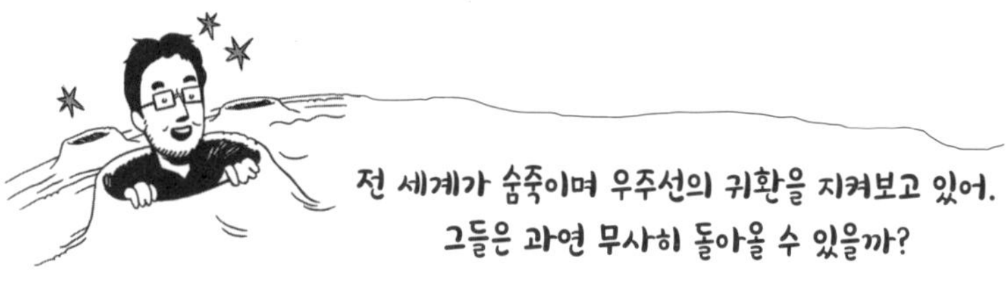

모두가 TV 혹은 라디오 앞에 앉아 있어. 소련이 미국 비행사들의 구조에 도움을 자청하기까지 했지만 그런 도움은 필요하지 않을 거야. 우주선

의 귀환은 거의 매뉴얼을 따르거든.

아폴로 13호는 지옥 같은 142시간 54분 41초의 여정을 뒤로하고 마침내 태평양에 착수해. 선박으로 구조된 비행사들은 '2001: 스페이스 오디세이' 주제곡 연주로 관악대의 환영을 받지. 하지만 이 세 사람은 크게 호응할 상태가 못 돼. 그들은 당장 쓰러져 잠이나 자고 싶을 뿐이야.

축배를 든 후 NASA에서는 바로 언론매체 질문에 대응하기 위해 준비해. 이런 위험을 어떻게 인지하지 못했을까? 미래 우주선에는 안전장치를 강화하는 편이 좋을 거야.

그럼 러벨은? '내가 손대는 건 뭐든지 풀린다' 제임스 러벨은 퇴근하기 전 이번 임무는 실패가 아닌, 매우 성공적인 실패로 간주해야 한다고 말해.

그리고 모든 것이 정말 끝난 것처럼 보였을 때 대미를 장식할 무언가

가 등장하지. 달착륙선 제조사가 완전히 망가진 우주선을 끌고 항해한 대가로 오디세이 제조사에 400,000달러(1970년 기준)짜리 청구서를 보낸 거야.

치이이이이이이즈…
혹시 모르니까
한 장 떠 찍어 봐.
이런!
나 눈감았잖아.
치즈…!
이놈! 내 머리에
뿔을 달다니!
하하, 정이 넘치는구먼.
찰칵!

6장

위험한 유영

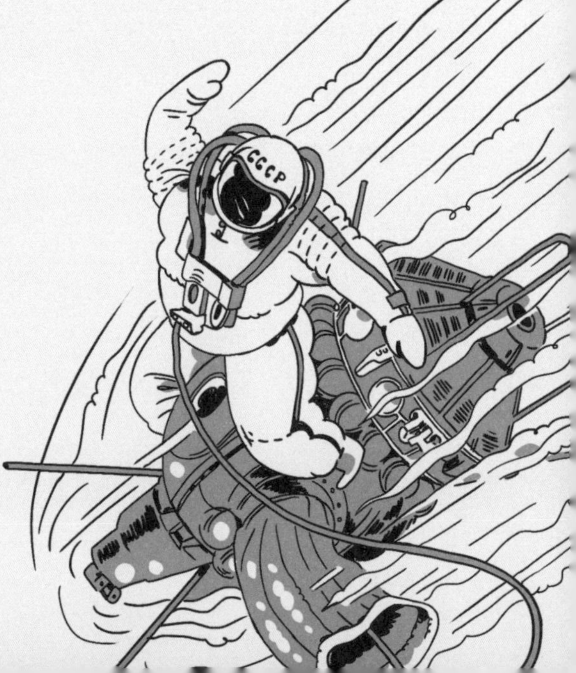

우리가 우주비행사를 생각할 때 떠올리는 이미지는 우주복과 헬멧을 쓴 채 지구를 배경으로 우주를 떠도는 사람일 거야. 기술용어로 이 작업을 EVA라고 불러. Extra-Vehicular Activity의 약자로 선외활동을 뜻해. 혹은 더 간단히 '우주유영'이라고도 하지. 이는 우주비행사 경력에서 가장 조심스러운 건 말할 것도 없고 가장 각별한 순간 중 하나이기도 해. 말하자면 '순간들'이지. 오늘날의 EVA는 몇 시간씩이나 소요되거든. 하지만 늘 그랬던 건 아니야.

역사 속 최초의 EVA는 '일출'이란 뜻의 소련 우주선 보스호트Voschod의 두 번째 임무로 거슬러 올라가. 1964년 10월 12일, 러시아인들은 보스호트 1호 임무를 통해 처음으로 한 사람 이상으로 구성된 팀을 우주로 보내. 규모를 크게 하려면 비행사들은 세 명이어야 했지만, 안타깝게도 우주선은 가압 우주복(일이 잘못 됐을 경우 생존에 필수적인)을 갖춰 입은 이들을 수용할 만큼 넓지 않았어.

그러니까 비행사들의 안전은 가슴에 묻고서… 세 명 모두 우주복 없이 보내는 편을 택하지! 그것도 우주선을 한 번밖에 실험해보지 않은 상태로 말이야.

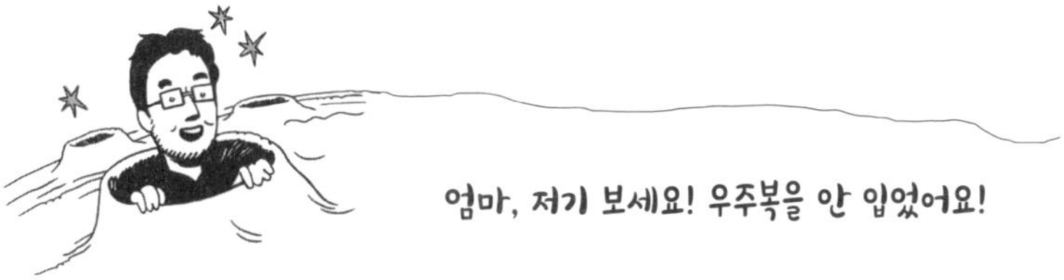

다행히 모든 일이 별 문제없이 진행돼. 하지만 다음 임무인 보스호트 2호(코드명 알마즈Almaz, 다이아몬드)에는 두 명만 태워 보내는데, 이들은 바

로 해군 사령관 파벨 벨리아예프Pavel Beliaiev와 공군 대령 알렉세이 레오노프Aleksej Leonov야. 다른 이유보다 이번 임무는 우주복 없이 갈 수 없기 때문이었어.

알렉세이, 너 살 좀 쪄 보인다?

보스호트 2호는 그리섬과 영의 '가라앉지 않는 몰리 브라운'보다 5일 빠른 1965년 3월 18일에 출발해. 레오노프가 우주선에서 나와 그토록 기다린 우주유영을 할 수 있도록 출입문에는 에어록airlock이라 부르는 좁은 통로가 연결되어 있어. 반면 벨리아예프는 존경받는 여느 해군 사령관처럼 우주선을 떠날 수 없을 거야.

발사와 첫 번째 궤도 비행은 물 흐르듯 잘 흘러가. 두 번째 궤도 비행에서 벨리아예프는 팽창식 튜브로 된 에어록을 부풀려. 레오노프가 여분 산소가 담긴 배낭을 확인해보니 총 90분 동안 쓸 양이 남아 있어.

알렉세이는 에어록 속으로 몸을 집어넣고 그의 뒤에 있는 벨리아예프가 출입문을 닫아. 우주선 내부에서는 일반 공기인 산소와 질소로 호흡하는 반면, 우주복의 헬멧에는 산소만 있어. 폐에서 질소를 제거하기 위해 즉, 감압병을 피하기 위해 레오노프는 에어록 안에서 18분을 순수한 산소를 들이마시며 보내지. 그리고 드디어 에어록 문을 개방해. 때마침 우주 캡슐은 태양빛이 비추는 지구 쪽으로 돌기 시작하고 이 우주 일출 광경 앞에서 알렉세이는 숨이 멎는 듯해. 지금까지 조종해본 그 어떤 전투기보다 몇십 배 빠르게 비행 중인데도 주변의 모든 것이 멈춘 듯 보이고 완벽한 고요

함이 느껴져. 오직 지구만이 자신의 눈앞에서 천천히 회전하는 듯해.

지상 관제소에서 들려온 친구 유리 가가린의 목소리가 그를 다시 깨워. "알마즈 1호, 모든 게 순조로운 상태다. 임무를 시작해도 좋다."

심장이 미칠 듯이 뛰는 알렉세이는 소형카메라를 에어록 입구에 고정시키기 위해 몸을 내밀어.

그동안 보스호트 2호는 발트해를 비행하고 있었어.

"여기는 알마즈 1호, 현재 컨디션 최상이다. 그럼 다녀오겠다."

잡고 있던 손잡이를 놓으면서 알렉세이는 거대한 우주 속으로 뛰어들어.

이제 그는 우주를 떠다니는 최초의 인간이 된 거야! 알렉세이는 그를 다시 집으로 데려다줄 우주 캡슐에 5m 반이 조금 안 되는 케이블로만(라디오 전신이 담긴) 연결된 상태지.

그는 가슴 쪽에도 소형카메라를 지니고 있어. 손을 뻗어 카메라를 켜려 하지만 우주복 바지 쪽에 있는 전원 버튼에 닿지 않아. 전원 버튼이 1cm 가량 멀리 있어. 말도 안 돼! 지상에서 수천 번씩 연습했고 문제없이 손이 닿았단 말이지! 몹쓸 버튼 같으니…. 어쨌든 그를 촬영하는 카메라가 두 대 더 있으니 SNS에서 그의 인플루언서 활동에는 타격이 없을 거야.

그런데 잠시 후 문제가 발생해. 폐와 장기가 내부에서 터지지 않도록 가압처리 된 알렉세이의 우주복이 갑자기 엄청 부풀기 시작한 거야. 레오노프는 미쉐린을 상징하는 하얀 캐릭터, '비벤덤Bibendum'과 점점 비슷해지고 있어. 팔을 움직이기 힘들고 호흡은 점점 힘겨워지지만 순수한 산소만 호흡하고 있기 때문에 가벼운 행복감에 사로잡혀 있지.

의사들의 심한 우려로 가가린은 궤도에 있는 자신의 동료에게 당장 우주 캡슐로 들어가라고 명령하지만 저기 위에 있는 레오노프는 그 순간의 마법에 사로잡혀 교신을 그냥 무시해버려.

알렉세이는 계속해서 동료를 인터폰으로 불러. 우주복이 어찌나 부풀었는지 발은 신발에서, 손가락은 장갑에서 빠져나왔어. 우주선의 지구 귀환 계획에서는 알렉세이가 발을 앞으로 내밀어 튜브로 들어가도록 되어 있었지만 이제는 불가능한 일이야. 보스호트를 말 타듯이 밖에서 타고 지구로 돌아갈 수도 없는 노릇이니 큰일이지.

절망적인 상황이지만 지상에서는 벨리아예프에게 안심하라고 이렇게 말해. "파벨, 만약 알렉세이가 빨리 끝내지 못하더라도 걱정하지 마. 케이블을 끊고 거기서 버려버려."

알렉세이는 가능한 빨리 방법을 찾아야 함을 눈치채지. 산소는 40분 만에 동날 테고 남은 활동 수행을 간신히 버텨줄 양이야. 머릿속에 떠오른 유일한 해결책은 우주복을 감압하여 공기를 빼는 거야. 위험요소는 다만 그가 숨을 쉴 수 없다는 점이지. 일반적인 절차도, 실험된 방법도 아니지만 우주선 위에 올라타고 불이 붙는 것보다는 나을 거야.

알렉세이는 어찌나 긴장했는지 땀을 몇 리터씩 바가지로 흘려. 적어도 공식적으로는 모두 땀이라고들 하지. 마침내 그는 튜브에 머리를 집어넣을 수 있을 만큼 우주복 바람을 빼는 데 성공해. 전략은 성공했지만 이제 새로운 문제가 등장하게 돼. 그가 출입문 방향으로 서 있고 발이 밖으로 향해 있으면 누가 튜브를 닫아? 그는 텀블링을 하면서 스스로 한 바퀴 돌아야 해. 고무를 입힌 천 튜브를 찢어버리지 않도록 애쓰면서 말이지. 그렇지 않으면 더 이상 돌아갈 수 없을 테니까. 행운이 그의 편이었는지 레오노프는 이 일마저도 해내지.

그의 EVA는 12분 정도 걸렸어. 그는 예측하지 못한 일들로 인해 제일 중요한 일을 그만 잊어버리고 말아. 바로 셀피를 찍는 일 말이야!

땀범벅이 되어 다시 캡슐로 들어온 알렉세이는 마침내 승리의 미소를 지을 수 있게 되었어. 그의 임무는 인류와 소련 우주공학에 신기록이 된 거야! 이제 잠시 쉬다가 준비해서 지구로 복귀하기만 하면 돼.

작은 장약을 활용해서 그는 튜브를 떼기 시작해. 안타깝게도 우주에서는 미세한 자극도 움직임을 유발하지. 폭발들로 인해 우주선은 그 자리에서 빙글빙글 돌기 시작하지만 비행사들은 손쓸 방법이 없어.

B: "벨리아예프다. 관제소 나와라. 벨리아예프다. 관제소 나와라 오바. 이제 우리는 어떻게 해야 하나?"

T: "에버랜드 회전컵을 탔다고 생각해."

소련 사람들은 그런 상황을 한 번도 고려해본 적이 없었고 어떻게 해야 할지 아무도 알지 못해. 우주선에는 회전활동을 멈출 수 있는 수동 제어장치가 없거든. 눈부신 태양빛이 간간이 우주선 내부를 비추는 동안 파벨과 알렉세이는 선실 내부 산소량이 이유 없이 증가하고 있음을 깨달아. 전기회로로 가득한 캡슐 안에서 결코 좋은 일이 아니지.

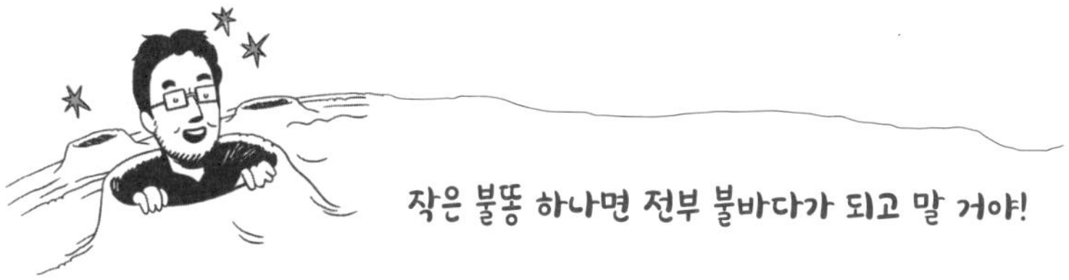

관제소에서는 생명유지 장치가 오작동했으리라 생각하고 조종석의 온도와 습도를 낮추라고 권해. 하지만 소용없어. 파벨과 알렉세이는 선실 내 가스 유실을 기계들이 인지하여 산소를 더 뿜어내며 이에 맞서려고 한다는 점을 알아차리지.

기나긴 침묵 끝에 지상에서 그들을 안심시키는 소련 우주계획 수석 개발자 세르게이 코롤료프Sergej Korolëv의 목소리가 들려와.

"대원들, 난 조언을 하거나 쓸데없는 희생을 요구하려고 여기 있는 게 아니다. 준비가 되면 바로 궤도에서 벗어나 지구로 돌아와. 이 악물고 우리 민족이 가장 힘든 순간을 극복하도록 도와준 속담들을 기억해."

붉은 깃발, 지구로 출발?

보스호트 안에서 염소는 살고
보스호트 밖에서 염소는 죽는다?

코롤료프가 어떤 속담들을 두고 한 말인지는 결코 알 수 없을 테지만 그 메시지를 들은 두 사람은 별 도움을 받지 못한 모양이야. 피곤하고 으스스해진 이들은 카자흐스탄의 초원으로 진입할 적당한 순간만을 기다리는 수밖에. 그런데 지구 주위를 열일곱 번째 돌던 그 순간이 오자 자동 시스템 중 하나가 고장 나버려.

두 사람은 재빠르게 수동 조종으로 전환했지만 카자흐스탄과는 이미 멀어지고 있어! 회전목마를 한 바퀴 더 타야 해. 그리고 드디어 돌아가는 거야!

기계선을 떼고서… 가가린을 따라하는 일만 남았어. 가가린 비행 때처럼 기계선이 완전히 분리되지 않고 전선 뭉치로 아직 연결되어 있거든.

이제 누군가는 소련 사람들이 비행절차를 재점검할 필요가 있다고 이의를 제기할 수도 있을 거야. 하지만 벨리아예프와 레오노프는 불만을 토로하고 있을 시간이 없어. 유선형의 예기치 못한 장애물이 10g(중력가속도)의 감속을 초래하고 있어. 두 사람은 지금 가슴 위에 본인 체중의 10배 무게를 느끼고 있고. 이 모든 일이 보스호트가 무섭게 급선회하고 있는 동안 일어나. 좌석에 묶인 햄스터 두 마리를 태우고서 말이야.

바람이 불고
눈보라가
휘몰아쳐

마침내 기계선과 연결되었던 전선이 끊어지고 하강 궤도진입은 좀 안정돼. 그러니까 이제 두 사람은 낙하산을 이용하여 지구귀환용 캡슐을 멈추고 러시아 우랄산맥 위에 착륙시킬 수 있어. 나무들이 빽빽하게 들어선 깊은 숲속, 그리고 두텁게 쌓인 눈 더미 한가운데 말이지.

조종이 늦어지면서 착륙지점은 1,300km 정도 옮겨졌어. 여기에 고장 후 자동 시스템 기계를 점검하는 과정에서 캡슐 내 비행사들의 움직임으로 초래된 200km를 더해야 해. 게다가 자동 통신 안테나 중 하나가 불에 타버리고 말았어. 이보다 더 최악일 수 있을까?

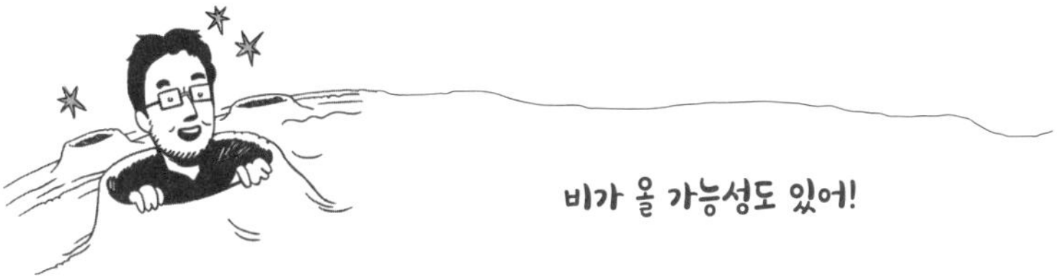

관제소는 두 비행사가 어디 있는지, 생사여부조차 알지 못해. 진행상황을 물어보는 가족들에게 그들은 이번 임무가 잘 끝났다고, 파벨과 알렉세이는 무사하지만 휴식이 필요하다고 대답하지.

한편 레오노프와 벨리아예프도 자신들이 어디에 있는지 몰라. 중국 영토만 아니기를 바랄 뿐이야. 캡슐 문은 커다란 나뭇가지가 박히는 바람에 열리지 않아. 결국 문을 여는 데 성공하지만 냉랭한 공기가 그들을 덮치지. 두 사람은 몸을 감쌀 옷이 없을 뿐더러 한 번 연 문은 다시 닫을 수 없어.

레오노프는 모스 부호로 비상 신호를 보내기 시작해. 이윽고 해가 저물 무렵, 어디선가 헬리콥터 소리가 들려와. 두 사람은 신호폭죽을 쏘기 위해 조종석 밖으로 달려가고 마침 그곳을 지나던 벌목 회사 조종사 눈에 띄지. 벌목 회사 승무원들이 하늘에서 담요를 던져주지만 그만 나뭇가지 위에 걸려버려. 나무 위를 기어오르는 비행사를 버려둔 채 헬리콥터는 구급대원과 돌아올 것을 약속하고 유유히 떠나. 두 사람은 할 수 있는 대로 몸을 데우면서 캡슐 안에서 밤을 보내. 이들은 지금 결코 평온하지 않아. 그 지역 늑대와 곰들에게 매우 흥미로운 존재가 됐음을 깨달았거든.

통 안에 든 먹음직스럽고 신선한 고기. 특히 겨울잠에서 방금 깨어나 먹이가 필요한 곰들에게 이보다 구미가 당기는 게 있을까?

그동안 관제소에 두 비행사의 생존 소식이 도착해. 독일에 있는 아마추어 무선사와 그 지역을 통과하는 화물 비행선이 모스 신호를 수신했던 거야. 게다가 그들을 포착한 헬리콥터 조종사가 좌표를 알려줬지. 이제 그들을 구하러 갈 방법을 찾아야 해. 스키로 무장한 구조대가 이튿날 아침 따뜻한 음식과 옷을 싣고 보스호트가 있는 곳에 도착해.

기운을 회복하고 몸을 녹인 두 우주비행사는 스키 두 쌍을 지급 받아. 스키를 타고 가장 가까운 초원에 도달하기만 하면 헬리콥터가 와서 이들을 들어 올릴 거야.

미국산
손잡이

많은 어려움에도 불구하고 소련의 임무는 성공한 모험으로 알려져. 때문에 이를 갈던 NASA가 미국 최초의 EVA를 제미니 5호에서 제미니 4호 임무로 앞당기게 만들었지.

제미니 4호는 보스호트 2호보다 두 달 반 후인 1965년 6월 3일에 출발해. 비행사로는 제임스 맥디비트James McDivitt와 '에드'로 불리는 에드워드 화이트Edward White가 참여하게 되지. 제미니호에는 튜브가 없기 때문에 두 비행사 모두 거시공동에 노출되고 21겹의 보호막으로 구성된 우주복을 입어야 해. 하지만 한 명만이 8m짜리 안전줄을 묶고 우주선 밖으로 나갈 거야. 그리고 그 한 명이 에드 화이트지.

소련의 레오노프와 비교했을 때 에드는 아주 멋진 '유인기동장치Hand-Held Maneuvering Unit' 혹은 '집건Zip Gun'을 갖고 있어. 집건은 막대기 두 개가 달린 소형 분사장치로, 그 양 끝단에 압축산소를 분출하는 노즐이 있어 흔히 '우주총'이라 불려.

에드는 우주총으로 얼마나 재밌게 놀았는지 3분 만에 고압산소를 다 써버려. 사실 에드는 늘 장난이 좀 지나친 편이야. 우주에 떠다니는 장갑 커버를 갖고 노는가 하면 지상에 있는 거스 그리섬의 교신을 무시해서 모두를 열 받게 만들지. 결국 그는 맥디비트에게 혼나고 나서야 장난치기를 멈춰.

"내 인생에서 가장 슬픈 순간이야.... 정말 그러고 싶지 않지만, 우주선으로 다시 들어갈게."

말하자면 시도는 해 본다는 표현이 맞겠다. NASA의 천재들 중 어느 누구도 손잡이와 발판의 필요성을 예상하지 못했고, 때문에 에드는 우주선으로 들어가기 위해 어디를 잡아야 할지 알 수가 없어. 맥디비트는 선실 안에서 몇 초 동안 동료가 계속해서 제미니호 동체를 들이받는 소리를 듣고, 마침내 문으로 그가 들어오는 모습을 확인하지.

유진 서넌의 배낭로켓

하지만 이것만으로 미국이 우주선 외부에 손잡이를 설치하도록 만들기에 충분했다고 생각하면 안 돼. 미국이 두 번째 EVA를 수행한 제미니 9A호 임무 때까지 기다려야 해.

토머스 스태포드Thomas Stafford와 '진'이라 불리는 유진 서넌Eugene Cernan은 몇 달 전에 최악의 시나리오로 시작된 임무를 위해 1966년 6월 3일에 출발해. 이번 임무는 원래 동료 엘리엇 시Elliott See와 찰스 바셋Charles Basset이 하기로 되어 있었지만, 두 사람은 항공사고로 2월 28일에 사망하고 말아.

임무는 벌써부터 다양한 문제를 드러내기 시작하고 업무계획 중 일부는 취소되지만 특별한 제트팩이 실험될 유진의 EVA만 그대로 진행하기로 해. 우주에서 움직이기 위해 이런 실험이 진행되는 건 처음이지.

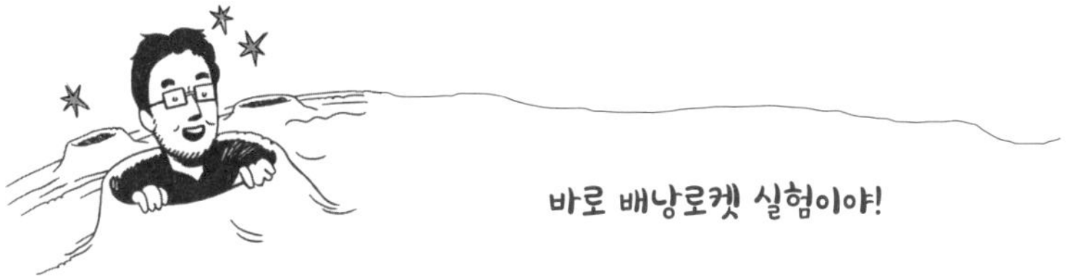

배낭로켓은 우주선 외부, 즉 제미니호 뒷면에 있고 우주비행사는 탁 트인 우주공간에서 이를 착용해야 해. 캡슐에서 나오자마자 서넌은 우주에서 움직이는 데 굉장한 어려움을 겪어. 필사적인 움직임으로 인해 그의 심장 박동수는 분당 200회까지 이르지. 어느 순간 휴스턴에 불길한 소식이 들려와.

"모든 게 흐릿해. 내... 내 기압 표시기가 흐릿하게 보이고, 내 시야도 흐릿해."

서넌은 더 이상 앞을 볼 수가 없어. 헬멧 바이저에서 유일하게 뿌옇지 않은 부분은 유진이 코를 비비며 닦은 부위야.

지상에서 항공 전문 의사는 유진에게 침착하라고 말하며 잠깐 휴식 시간을 갖도록 권해. 하지만 별 소용이 없어. 서넌은 시야가 가려진 채로 제트팩을 가지러 힘들게 우주선 뒷면에 도달해. 하지만 잡고 있을 손잡이가 없어. 게다가 NASA의 걸작인 산소를 공급해주는 안전줄 역시 너무 짧아.

엎친 데 덮친 격으로 스태포드와의 교신 문제까지 생겨. 수척해진 서넌은 활동을 취소하기로 해. 하지만 이제 보이지도 않는 상태로 붙들 곳도 없이 움직이면서 우주선으로 돌아가야 하는 거야. 무언가 잘못될 경우 스태포드에겐 그를 버리고 떠나라는 명령이 내려질 것을 아는 상태에서 말이지.

2시간 10분 동안 온갖 군데를 부딪히며 우주를 헤엄친 유진은 제미니 호에 다시 발을 들일 거야. 그리고 그의 우주복은 선체 금속판과의 마찰 때문에 찢긴 흔적들로 가득할 테고. 휴스턴에서 모든 사람들은 깨닫게 되겠지. 어쩌면…

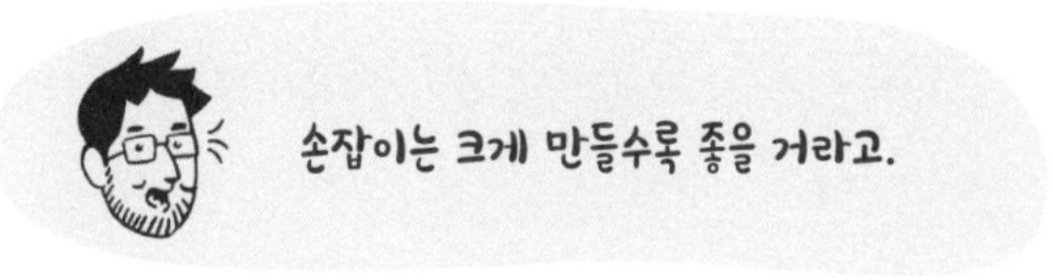

오늘날의 EVA

초기 EVA에 비해 오늘날의 우주유영은 확연하게 달라졌어. 일단 붙잡을 수 있는 손잡이가 여러 개 있어. 다시 말해 이제는 다리보다 손으로 '유영' 한다고 할 수 있지.

또한 우주에서 더 이상 자유롭게 떠다니지 않아. 우주정거장에 고정한 접이식 로프 두 개에 묶여있거든.

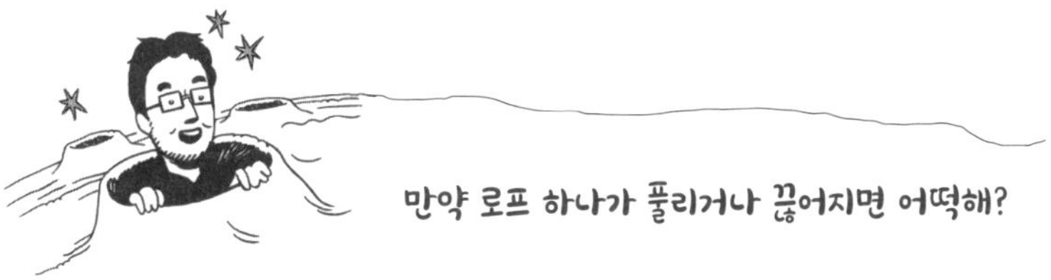

우주배낭은 수동으로 조작할 수 있는 작은 엔진 시스템을 갖추고 있어. 안전한 곳으로 날아갈 수 있는 일종의 제트팩인 셈이야. EVA를 위한 준비시간은 매우 길어. 일반적으로 두 명의 우주비행사들은 에어록(보스호트 2호의 고무튜브가 진화한 시스템)에 몇 시간 동안 갇혀 마스크를 이용한 가압공기를 호흡하지.

그리고 이들은 기저귀, 타이즈와 신체냉각 시스템을 포함한 슈트를 입고 마지막으로 진짜 우주복을 입어. 먼저 바지를 입고, 상의, 냉각기가 담긴 배낭, 산소 호흡기와 통신장치를 순서대로 착용해. 마지막으로 마이크와 오디오 시스템이 설치된 모자와 그 위에 헬멧을 써. 장비는 모두 진화됐고 모든 과정이 안전에 유의하며 진행되지.

하지만 예상치 못한 일은 늘 일어나. 그리고 죽을 뻔한 우주유영은 이탈리아 사람들에게도 매우 친숙하다고 말할 수 있어.

파르미타노의 EVA

2013년 7월 9일, 우주비행사 루카 파르미타노Luca Parmitano는 엑스퍼디션 36 임무로 ISS에 탑승한 지 한 달이 조금 넘었어. 공군으로 오래 일한 그는 우주로의 첫 번째 비행이고 우주유영을 실현할 첫 번째 이탈리아 사람이 되기 직전이야.

그런데 우주로 나오자마자 첫 번째 문제에 봉착하고 말아. 눈이 따갑고 눈물이 흐르기 시작한 거야.

기쁨에 겨워서가 아니야. 헬멧을 닦을 때 사용한 김서림방지 용액이 증발하면서 눈에 들어가고 말았거든. 따가운 증상이 없어질 때까지는 두 시간이 걸릴 거야.

그럼에도 불구하고 루카와 미국 동료 크리스 캐시디Chris Cassidy는 임무를 잘 수행하고 업무시간표보다 이른 6시간 7분 만에 작업을 완성해.

일주일 후인 7월 16일, 두 사람은 두 번째 EVA에 도전하게 돼. 작업위치에 도달하려면 서로 다른 코스를 밟아야 하기 때문에 이들은 접이식 안전로프를 각각 다른 두 지점에 걸고 서로 떨어져 있지. 작업은 순조롭게 진행되고 두 사람 모두 업무시간표보다 40분을 앞서가고 있어.

그때 루카는 목덜미가 축축해진 걸 느껴. 땀이라 하기엔 너무 축축한

거야. 근처에 있던 캐시디가 상태를 살피기 위해 다가가서 확인해 보니 헬멧 속에 액체가 있어!

처음에 두 사람은 우주복 안에 있는, 비행사가 마실 수 있도록 두는 예비용 식수라고 생각해. 그런데 파르미타노가 목덜미에서 느끼는 것은 식수라고 하기엔 너무 차가워. 그동안 휴스턴에서는 어떻게 해야 할지 아무도 몰라. 하지만 작은 문제이니 크게 걱정하지는 않아.

의문에 가득 찬 파르미타노는 예비용 식수를 전부 마셔 버려. 그래봤자 소변이 마려우면 기저귀가 있으니 괜찮을 거야. 하지만 헬멧 속의 액체는 계속 증가해. 문제가 아주 심각한 상황이야. 중력이 없는 상태에서 소변과 같은 액체는 비행사의 피부에 들러붙는 방울 같은 걸 만들어내거든. 그러니까 파르미타노의 헬멧 속에 있는 액체는 머리에 들러붙고 이어서 귀까지 덮어버릴 거야. 휴스턴에서는 결단을 내려.

"좋다. EVA를 중단하되 당황하지 말고 진행한다. 침착하게 도구들을 수습해서 들어가도록. 서두를 것 없다."

로프가 서로 다른 곳에 걸려있다 보니 캐시디와 파르미타노는 다시 떨어져서 각자 다른 길로 우주정거장으로 들어가. 그동안 액체는 거의 파리미타노의 눈까지 이르렀고 통신기가 달린 모자 속으로까지 들어가고 있어. 그 다음 타자는 코가 될 거야. 루카는 자신의 우주복 안에서 익사하고 있어!

글쎄 우주에서 죽는 방법에는 여러 가지가 있겠지만 어느 누가 물에 빠져 죽는 걸 생각하겠냐고!

이제 루카는 완전히 혼자야. 지구와도 귀환지점에 마중 나올 동료들과도 더 이상 교신할 수 없어. 볼 수도 들을 수도 없는 상태로 기억을 더듬어 길을 찾고 입으로 겨우 숨을 쉬면서 그는 정거장에 돌아오게 돼. 잠시 후 도착한 캐시디가 우주선 문을 닫지. 그런데 우주복을 벗기 전에 에어록이 다시 가압된 상태인지 확인해야 해.

게다가 또 다른 문제가 있어. 미국 우주복에는 내부 압력 문제로 인해 헬멧을 벗기 전에 장갑을 벗어야 해. 이렇게 하면 적어도 익사하는 동안 구급대원들과 악수를 하고 작별 인사를 할 수 있을 거야. 정말 강한 사람인 루카는 다행히 숨을 잘 참아내는 데 성공해. 결국에는 모든 일이 잘 풀리지.

이후 진행된 사고 조사에서 우주복 내부에 있는 냉각기 밸브 중 하나가 고장 나는 바람에 헬멧 환기 시스템 내부로 액체가 주입되었다는 사실이 밝혀졌어. 그래서 문제 재발을 예방하기 위해 시스템 전체가 변경되지.

하지만 이 문제 '덕분에' 루카는 안전 문제 전문가로, 침착한 우주비행사로 인정받고 엑스페디션 61 임무의 사령관을 맡게 돼. 그는 국제정거장 사령관 자리에 오른 최초의 이탈리아 사람이야. 그리고 그 임무는 좀 특별한 점이 있어. 2019년 7월 20일에 출발했는데 이는 바로 달 착륙 50주년을 기념하는 날이었거든!

이런! 소행성과
곧 충돌하려고 해!
토끼도 세 굴을 판다.
우수에 풀렸던 대동강이 경칩에
다시 얼어붙는다.
짖는 개는
물지 않는다.
대한이 소한의
집에 가서 얼어죽는다.
그래,
지나가도 좋다.
사잣밥인 줄
알고도 먹는다.
에헴..

7장

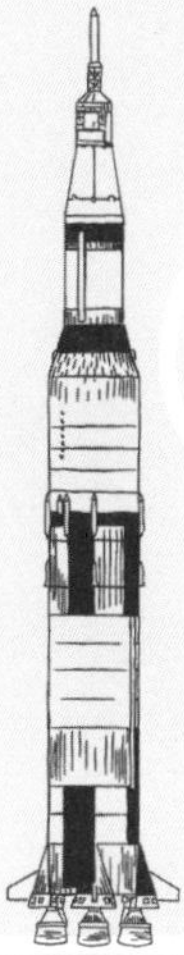

아폴로 11: 해결해야 할 기술 문제

기술적인 문제

너희가 가장 궁금해 할 것 같은 이야기로 시작해볼게. 인류가 정말 달에 갔다 온 게 맞아? 답은 '그렇다'야. 당시 어떤 기자가 썼듯이 산책을 한 바퀴 한 걸까? 반지를 가진 프로도와 샘이 화산까지 가는 여행 따위를 산책이라고 부른다면 맞아. 그렇지 않으면 아마 아닐 거야.

역사에 남을 1969년 7월 16일에 대비하기 위해 아폴로 임무와 관련된 수천 명의 사람들이 실험 가능한 모든 것을 실험하고, 예측할 수 있는 것은 물론이고 예측 불가한 것도 예측하려고 해. 이번 임무 사령관 닐 암스트롱Neil Armstrong은 큰 부담을 안고 있고 대중을 어떻게 열광케 할지 잘 알고 있어. "이건 모험이 아닙니다. 우리가 지금 하려고 하는 일은 최상의 방법으로 해결해야 할 기술적인 문제입니다."

나중에 그에게 헌정된 영화 〈퍼스트 맨The First Man〉을 보고 그를 〈가디언즈 오브 갤럭시〉의 그루트처럼 말하는 사람 정도로 묘사한 걸 보고 놀라지 말자고.

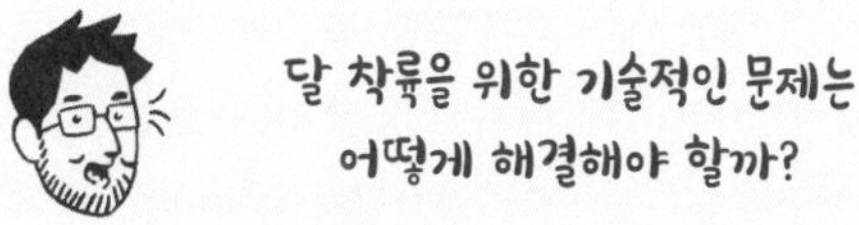

우선 새턴 VSaturn V는 지금까지 등장한 것 중 가장 크고 강한 로켓이며, 아직까지 그보다 거대한 로켓은 없었어. 높이는 110.5m에 달하지. 사령선, 기계선, 달착륙선과 우주비행사들 그리고 비상탈출장치가 들어있는 탑재체를 제외하면 사실 거대한 탱크나 다름없어. 이 탱크는 차례대로 3단으

새턴 V

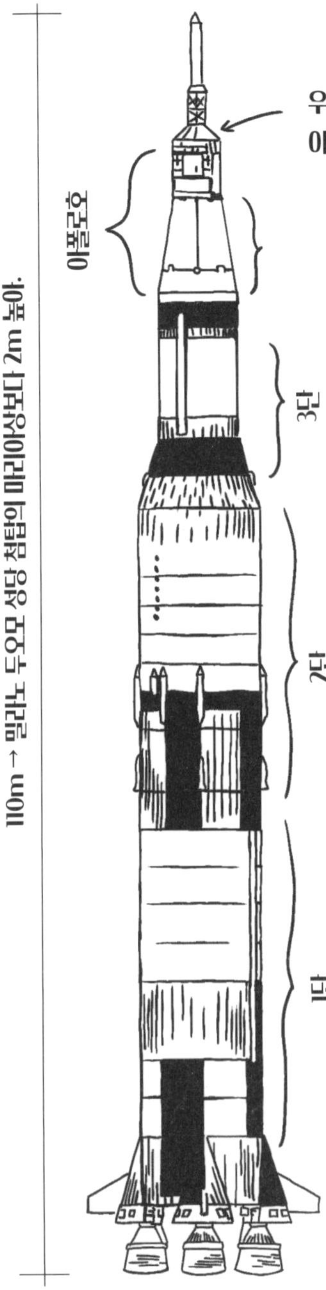
우주비행사들이 임무를
이끄는 사령선
아폴로호
3단
2단
1단
110m → 밀라노 두오모 성당 첨탑의 마리아상보다 2m 높아.
차례대로 분리될 거대 저장소야.
쉽게 말해 새턴 V는 축구장만큼
긴 탱크를 지닌 버스 같은 거야.
여기에 코끼리 2,800마리 무게에
달하는 연료를 싣는 거지.

이 안에 달착륙선 이글(Eagle)
이 있어. 큰 거미 같이 생겼지!

로 분리될 수 있고, 각 단은 서로 다른 순간에 가동되는 엔진을 갖고 있어.

길이가 축구장 하나만큼 긴 연료탱크를 지닌 버스 같은 거야. 탱크에는 코끼리 2,800마리 무게만큼의 연료를 실을 수 있지. 엔진은 별로 친환경적이지 않고 에너지소비효율등급도 낮을 게 확실해. 게다가 한 번 쓰고 버리는 로켓을 만드는 데는 오늘날 돈으로 10억 달러에 상당하는 비용이 들기 때문에 경제적이지도 않아. 여기에다 연료를 가득 싣는 비용 7억 달러가 더 추가돼.

하지만 로켓을 만들고 연료를 채웠다고 일이 끝난 게 아니야. 그동안 로켓을 폭발시키지 않고 가동할 방법을 찾아야 해. 왜냐하면 이 우주선의 폭발 에너지는 무려 히로시마 원자폭탄의 1/7에 이르기 때문이야. 그다음에는 작은 캡슐을 타고 수십만 킬로미터를 달려 우주를 떠도는 위험천만한 도전에 응하는 세 사람을 찾아 태워야 하지. 그중 두 사람을 지구와 다

른 행성에 얹어놓을, 네 발 달린 철판 거미에 탑승시켜야 해. 그동안 대기 중인 세 번째 사람은 달 주변을 배회하고 있을 거고. 마지막으로 그 두 사람이 달에서 다시 출발하여 세 번째 사람과 만나 함께 지구로 돌아오도록 만들어야 해. 이 정도면 껌이지. 안 그래?

실패할 확률이 얼마냐고? 성공할 확률과 같아. 50%지.

우주탐사 대원

아폴로호에 태울 세 사람은 비교적 쉽게 구해져. 그들을 직접 선발하는 것은 아니고 말하자면 훌륭한 우주비행사 집단과 교대 시스템이 있어. 그러니까 이 세 사람은 하필 이런 임무에 '우연히' 참여하게 된 것이지. 이들이 누구냐고?

1. 닐 올던 암스트롱

우리가 앞서 언급했던 그루트야. 스카우트로 일하다 한국전쟁에 조종사로 참전한 닐 올던 암스트롱Neil Alden Armstrong은 새로운 비행기와 우주비행기(고도 100km 이상, 지구 대기권 위로 날아오르는 비행기) 엔지니어이자 시험비행 조종사가 돼. 민간 조종사라는 이유로 첫 번째 우주비행사 그룹에서는 탈락하지만 그의 풍부한 경험 덕에 두 번째 우주비행사 그룹에는 들어가게 되지. 닐은 이미 4년 전에 제미니 8호 임무에서 사령관으로 우주를 비행한, 우주에 다녀온 미국 최초의 민간인이었어. 비행은 어떻게 됐냐고? 그와 동료 데이비드 스코트David Scott는 기계 고장 때문에 거의 죽을 뻔했어. 우주선은 미친 듯이 제자리에서 혼자 돌기 시작했고 그들을 기절시

킨 후에… 더 심한 위험에 빠뜨릴 뻔했지. 이들은 위기의 순간에 믿음직한 조종사의 면모를 보여준 닐의 침착함 덕분에 살 수 있었어.

2. '버즈'로 불리는 에드윈 유진 올드린 2세

에드윈 유진 올드린 2세Edwin Eugene Aldrin, Jr.는 뼛속까지 군인이야. 버즈는 스카우트로서 아버지의 뒤를 따라 해군 생활을 시작하기 위해 명성 높은 웨스트포인트 아카데미에 다녔어. 안타깝게도 그는 자신이 뱃멀미에 약하다는 사실을 깨닫고 공군에 지원하지. 이후 공학을 전공하고 조종사로 한국전쟁에 참전해. 그리고 조국으로 돌아와 명성 높은 보스턴의 매사추세츠 공과대학Massachusetts Institute of Technology에서 우주비행학으로 박사학위 과정을 밟았어. 그런데 시험비행 조종사가 아니다 보니 두 번째 우주비행사 그룹 선발에서 탈락하고 말지. 세 번째 그룹에서 NASA는 지원자들의 자격조건을 변경해. 제트기를 최소 1,000시간 이상 운행한 조종사도 모집한 거야.

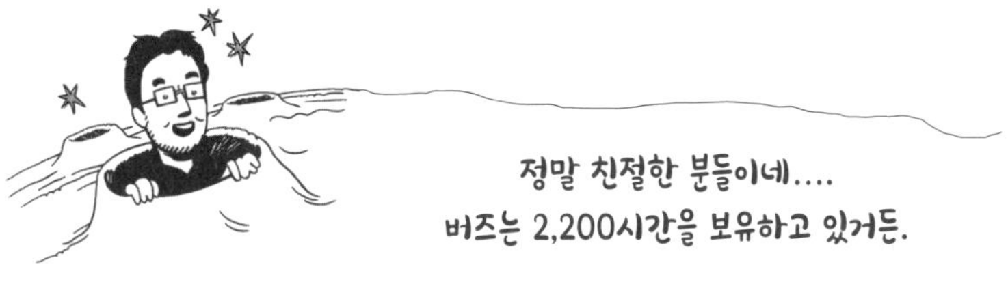

따라서 버즈는 박사학위가 있는 첫 번째 우주비행사가 되었고, 제미니 임무에도 합류하게 돼. 열두 번째 제미니 임무인 셈이지. 그의 비행 동료는 '신의 손' 짐 러벨이야. 모든 것이 물 흐르듯 흘러가. 마지막에 기내 밸브 고장으로 인한 가벼운 탈수증상만 제외한다면 말이야. 버즈는 총 5시간

30분 동안 무려 3번의 우주유영에 성공해. 올드린은 일 등 하는 것을 정말 좋아하거든. 그는 훌륭한 군인답게 항상 명령을 수행하지만 걸핏하면 화를 내는 성격이 그를 참을성 없는 사람으로 보이게 만들곤 해.

3. 마이클 콜린스

마이클 콜린스Michael Collins는 부친이 미 대사관 군인으로 근무한 로마, 테베레길 16번지에서 태어난 미국인이야. 웨스트포인트에서 군인이 된 그는 공군에 지원하여 시험비행 조종사가 되기로 해. 두 번째 우주비행사 그룹에 들어가는 데 도전해보지만 결국 세 번째 그룹에 선발되지. 마이클은 동료 존 영John Young과 제미니 10호로 비행하고 두 번의 우주유영을 경험해. 원래 아폴로 8호에도 탑승할 예정이었지만 우주비행사로서의 경력을 위태롭게 만든 탈장 때문에 '신의 손' 러벨로 대체되지. 수술 후 그는 아폴로 11호로 현장 복귀를 해. 콜린스는 사령선과 기계선에 대해 가장 지식과 경험이 많은 조종사로 여겨져. 달 표면을 밟는 건 암스트롱과 올드린의 몫이 되면서 그는 달에 발을 딛지 못할 것을 알지만 전혀 슬퍼 보이지 않아. 중요한 건 자신의 일을 잘 해내는 것이고, 마침 그는 대원들을 집으로 다시 데리고 돌아오는 책임을 맡게 돼.

이제 콜린스가 머무를 사령선과 기계선의 이름만 지으면 돼. 미국인들은 우리가 이미 알고 있듯이 미신에 굉장히 약해서 쥘 베른Jules Verne의 소설《지구에서 달까지》와《달나라 탐험》에서 묘사하는 강력한 대포, 컬럼비아드Columbiad를 기리기 위해 컬럼비아Columbia라고 이름 지어. 쥘 베른이 이미 한 세기 전에 쓴 이 소설들은 컬럼비아드가 달로 쏘아올린, 세 사람을 태운 미국 캡슐 이야기야. 발사는 케네디 우주센터에서 불과 150km 떨어

진 플로리다주 탬파Tampa에서 이루어져. 지구로 돌아오는 길에 캡슐은 대기권에서 불덩이가 되어 바다에 착수하지. NASA에서는 아무도 쥘 베른의 책들을 읽지 않은 모양이야. 그러지 않고서야 발사에 실패하고 질식과 굶주림으로 죽음의 위기에 놓인 불쌍한 세 사람 이야기에서 영감을 얻은 이름을 선택했을 리가 없어.

LEMLunar Excursion Module은 달 유영을 위한 달탐사선으로, 이글Eagle이라 불리게 돼. 독수리는 미국의 상징이자 모든 사람의 수고를 상징해. 이글은 암스트롱과 올드린을 달에 데려다줄 거야.

숨막히게 긴장되는 순간

큰일을 앞두고 흥분과 감격이 피부로 느껴질 정도야. 하지만 걱정도 함께 따라오는 법이지.

새턴 V의 설계자 베르너 폰 브라운Wernher von Braun은 매우 이타적인 마음으로 우주비행사들에게 말하지. "우리는 최선을 다했어. 그런데 나는 다른 무엇보다 행운이 가장 필요해. 우리 모두가 필요하지만 나는 특별히 더 필요해." 로켓 꼭대기에 자기가 올라가 앉을 것도 아니면서 말이야.

마이클 콜린스도 회고록에서 임무에 대한 불안감을 표현했어. 모든 게 다 아폴로 8호 사령관 프랭크 보먼Frank Borman 때문이야. 그는 일 년 전 달 궤도를 비행하며 특별한 사실을 하나 알려줬어. 우주선은 560만 개의 부품으로 만들어졌는데, 각 부품이 99.9% 작동한다고 가정하더라도 무언가 잘못될 가능성이 0.1% 남아 있어. 이 말은 곧 거기 어딘가에 이들을 깜짝 놀라게 할 5,600개의 문제가 기다리고 있다는 뜻이야.

닉슨 대통령은 기고가 윌리엄 새파이어William Safire에게 참사가 일어날 경우 사용할 연설문을 작성하라고 명해. 혹시 모를 일에 대비하기 위해 말이야. 새파이어가 7월 18일에 대통령에게 제출한 연설문의 내용은 다음과

갈아. '인류의 가장 고귀한 목표인 진실과 지식의 탐구에 자신의 생명을 바치고 있는 두 남자.'

언급되는 사람은 당연히 암스트롱과 올드린뿐이야. 콜린스는 불쌍하게도 아무도 챙겨주지 않아. 만약 일이 잘못된다면 닉슨 대통령은 홀로 남겨진 부인들에게 직접 전화를 걸 거야. 이들을 위로하고 국가에 대한 이야기로 넘어가겠지. 이어서 성직자가 우주비행사들의 영혼을 '깊은 심연'에 의탁하면서 장례식을 거행할 거고, 마지막으로 다 같이 주님의 기도를 드리고 각자 집으로 돌아가는 거야. 다시 말해 아폴로 11호 비행사들 주변에는 긍정적인 분위기가 아주 그냥 넘쳐나.

3, 2, 1…
출발!!

1969년 7월 16일, 현재시각 오전 9시 32분.

새턴 V는 지상에서 솟아올라 자신의 승객들을 시속 40,000km로 달로 보내. 여정 동안 모든 일이 계획대로 잘 흘러가고 우리의 위성은 그곳에서 정복되기를 기다리고 있어.

케이프커내버럴은 지금 7월 19일 오후 5시 17분이고 달의 숨겨진 측면을 비행하는 사령선과 기계선은 달 궤도로 진입하기 위해 시동을 걸고 있어. LEM을 풀기 전에 위성 주위를 30바퀴 돌 예정이야.

7월 20일, 닐과 버즈는 커다란 거미 모양의 달착륙선으로 옮겨 타. 휴스턴에서 보기에는 모든 게 괜찮아. 이제 달착륙선을 분리하는 거야!

왕거미는 머리를 아래로 향한 채 여행할 거야. 그러면 머리 안에 앉아

있는 우주비행사들이 달 표면을 더 잘 볼 수 있을 테니까. 바로 그때 닐은 특별한 분화구를 방금 지나쳤음을 깨달아. 예상한 일이었지만 원래는 2초 후에 보게 될 예정이었어. 그들은 지금 너무 빠르게 이동하는 바람에 예상한 위치에 착륙하지 못할 거야! 두 사람은 속도를 늦춰보려고 하지만 달 표면에서 2km 떨어진 지점에서 기내 컴퓨터가 연속해서 경보음을 울려. '1202 오류!'

무슨 뜻이냐면 컴퓨터가 실시간으로 모든 계산을 완료하지 못하고 몇 개를 지연시키고 있다는 거야.

쉽게 말해 멈춰버리기 직전이라는 뜻이지.

나중에 쓰일 레이더가 실수로 이미 켜져 있었고 이는 컴퓨터에 필요 이상의 데이터를 전송하여 예정보다 많은 메모리를 소모하게 만들었어. 관제소는 공황상태로 술렁이기 시작해. 그리고 엔지니어 중 한 명이 그 문제가 훈련 당시 이미 한 번 나왔음을 기억해내. 시뮬레이션 당시에는 임무를 중단하고 꾸지람을 들었지.

이론적으로 컴퓨터는 중요도에 따라 어떤 활동을 계속 이어갈지 인지하도록 설계되었어. 그러니 잠시 멈추더라도 괜찮은 거야. 나중에 스스로 다시 풀릴 테니까.

이론적으로 그렇다는 거야. 달리 말하면 문제를 무시하고 컴퓨터가 다시 빨리 깨어나기를 바라야지.

달
착륙

그런데 장애물은 그걸로 끝이 아니었어. 비행사 두 명은 달 착륙 지점이 사진에서 보이는 것보다 훨씬 바위가 많은 지질임을 알게 돼. 넓은 화물차만 한 바위들이 펼쳐진 들판이 보인다고 말해. 화물만 한 크기의 날카로운 바위에 부딪혀 달착륙선 다리 하나가 부러지기라도 하면 그야말로 큰일이야. 지구 귀환은 영원히 물 건너가는 거지!

암스트롱은 다시 핸들을 잡고 LEM을 모래가 더 많은 지역으로 몰고 가기로 해. 하지만 이로 인해 예정보다 많은 연료를 소모해버려. 여기에 그동안 다시 반복적으로 나타난 1202 오류에 1201까지 합세해. 비슷한 문제니까 비행사들은 이것 또한 무시하기로 하지. 어쨌든 케이프커내버럴에서

는 숨쉬기조차 힘든 분위기야.

다들 얼굴이 점점 새파래지면서 얼마 남지 않은 연료로 암스트롱이 비행할 수 있는 시간을 카운트다운하기 시작해. 정확히 알지는 못하지만 빠듯하게 잡고 해보는 거야.

역사상 한 번도 시도되지 않은 일을 지금 하고 있는 암스트롱을 상상해 봐. 모든 문제와 온갖 경고음과 싸우며 든든하기 그지없는 카운트다운까지 참아가면서 말이야.

"60초..."

"45초..."

"30초..."

오후 4시 17분 40초, 마침내 LEM 다리는 달의 레골리스Regolith(먼지, 흙 등으로 구성된 달 표면 물질—옮긴이) 위로 가볍게 착지하고 휴스턴에서는 사람들이 다시 숨을 쉬기 시작해. 탱크에는 20초간 비행할 수 있는 연료가 남았어. 어쩌면 그 두 배일지도 몰라. 어쨌든 확신하는 것보다 훨씬 적은 양이야.

"휴스턴, 여기는 고요의 기지. 이글은 착륙했다."

자,
이제 소매를
걷어 올립시다

지구에서는 모두가 열광의 도가니에 빠져버려. 반면 암스트롱은 좀 침착한 편이야. 달에 착륙한 그의 첫 마디는 이거야. "좋아. 이제 본격적으로 일해보자."

비행계획에 따르면 확인해야 할 일련의 사안들이 줄지어 기다리고 있어. 이어서 LEM 안에서 4시간의 수면 후 유영 준비를 하는 거지. 하지만 네가 만약 지구가 아닌 어느 행성에 발을 디디는 최초의 인간이라면 자는 것만 빼고 뭐든지 하고 싶을 거야. NASA는 그들에게 수면제를 챙겨줬지만 닐과 버즈는 활용할 생각이 전혀 없어. 이들은 확인 작업을 서두르고 2시간도 채 되지 않아 일을 전부 마쳐. 그래서 암스트롱은 쉬는 대신 첫 번째 달 EVA 준비를 시작하겠다고 관제소에 얘기해.

"대략 3시간 후가 될 거야."

지상에서는 우주비행사들의 몸에 부착된 센서를 통해 그들의 상태를 확인하는 의사인 베리Berry를 불러. 베리는 비행사들의 결정이 탐탁지 않지만 별 선택의 여지가 없어. 종합적으로 봤을 때 둘의 상태는 괜찮아. 우주유영을 시작해도 좋아.

하지만 달착륙선 밖으로 나가는 데까지는 3시간보다 더 오래 걸려. 우주복이 매우 거대해서 90kg이 넘거든. 달에서는 정말 모든 것이 지구에서보다 6배나 가볍지만 부피가 큰 건 어쨌든 똑같으니까. 특히 우주복과 연결된 배낭은 산소를 포함하여 생존에 필요한 모든 물건을 담고 있어.

NASA 엔지니어들은 LEM의 출입문을 재설계하면서 처음의 스케치보다 작게… 만들었고 큰 배낭 사이즈도 같이 줄이는 일을 깜박했지. 덕분에 비행사들이 출입문으로 나가고 들어오는 일을 생고생으로 만들었어. 하지만 그 순간 암스트롱과 올드린에게 문제되는 건 다른 거야. 그들은 문을 열기 위해 내부 공기를 빼면서 LEM을 감압했어. 하지만 문은 열리지 않아. 그렇다고 힘을 너무 세게 줄 수도 없어. 부품 중 하나가 망가진다면 달착륙선 문을 더 이상 못 닫을 테니까. 그들은 문을 여는 데에만 30분을 써버려.

위대한 순간

착륙한 지 6시간 반이 지나 암스트롱은 마침내 인류 역사상 가장 유명한 계단을 내려가. NASA에서는 누가 가장 먼저 내려야 할지를 두고 오랫동안 고민했어. 올드린은 자신일 거라 확신했지. 비행경험이 더 많았고 사령관이 아니었으니까. 제미니 임무에서 사령관은 절대로 우주선을 떠나는 법이 없었거든. 안타깝게도 NASA는 닐을 선택했어. 그러므로 우리 위성에 발을 디딘 인간의 역사적인 첫마디가 그의 몫이 된 거야.

"이 한 걸음은 한 인간에게는 작은 걸음이지만 인류에게는 커다란 도약이다."

닐은 이 문장을 그 순간 만들어낸 거라고 말하겠지만 거짓말이야. 하지만 중요한 건 그게 아니야. 사실 닐은 흥분한 나머지 '인간' 앞에 '한'이라는 관형사를 넣는 걸 잊어버려 문법적 논란에 휩싸이거든.

그러니까 전 세계 6억 명의 시청자들은 이런 문장을 듣게 될 거야.

"이 한 걸음은 인간에게는 작은 걸음이지만 인류에게는 커다란 도약이다."

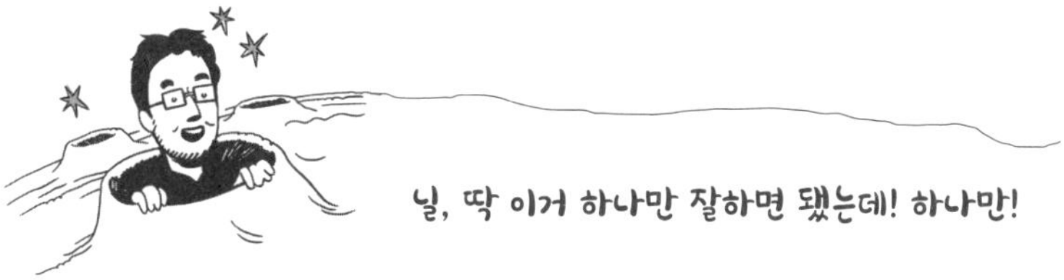

19분 후에 올드린도 달착륙선에서 내려. 닐이 쉽게 해내는 걸 봐서 평온한 상태야.

닐은 시험 삼아 점프도 해봐. 여기서 잠깐, 조금 전으로 다시 돌아가보자. 표면으로부터 1.5m 거리에서는 엔진을 끄고 뛰어내려야 하기 때문에 LEM의 다리는 달 착륙 시 찌그러지면서 충격을 완화하도록 설계되었어. 연료가 거의 바닥났음에도 암스트롱은 시동 끄기를 잊어버린 채 가볍게 착륙했고 달착륙선의 다리는 찌그러지지 않았어.

결과는 어땠을까? 사다리가 다리보다 짧으니 LEM의 다리 위로 내려가려면 뛰어내려야 해. 그리고 사다리 계단을 밟으려면 다시 한 번 뛰어올라야하지.

암스트롱이 이걸 해냈으니 버즈도 도전해보고 싶어 해. 다리를 굽혀 몸을 앞으로 밀고… 그러나 계단을 놓치는 바람에 정강이와 무릎으로 계단을 박고 LEM 다리 위로 떨어져. 이 모든 과정을 전 세계 앞에 생중계로 보여주지. 버즈는 기분이 썩 좋지 않아. 긴장한 상태인 데다 방금 민망한 실수를 했으니까. 그는 한숨 돌리며 긴장을 풀기로 마음먹어…. 오줌을 싸면서 말이지. 그는 역사상 달에 오줌을 싼 최초의 인간이야. 적어도 이 분야에서의 일 등은 닐도 가로채지 못할 거야! 달에서는 소변을 작은 튜브 안에다 보는데 이 튜브는 우주복 속에 다리 높이 쯤 봉투와 연결되어 있어. 그리고 올드린은 그 봉투를 방금 계단에서 떨어지면서 망가뜨렸고 말이야.

따라서 오줌은 몽땅 왼쪽 신발 안에 들어가고 말아. 버즈는 라디오 교신으로 이 얘기를 바로 할 수가 없어. 또 한 번 망신당할 테니까. 그는 축축해진 발을 스무 시간 가량 비밀로 하고 참을 거야. 망할 닐 암스트롱 같으니라고! 어째서 매번 민첩하고 부드럽게 착륙하는 거야?

다행히 풍경은 숨이 멎도록 아름다워.

"찬란한 적막이야."

버즈가 달에서 한 말은 이게 전부야. 달 위를 젖은 발로 저벅저벅 걸어다니는 동안 말이야.

민첩한 닐과 축축한 버즈는 2시간 31분을 이글 밖에서 머물러. 닐은 달 표면 사진을 찍었는데 몇 장은 360도 파노라마 사진으로도 남겨. 그는 대단한 사진작가가 못 되는 게, 첫 번째 사진에는 LEM의 다리와 방금 달 착륙선에서 던진 엄청난 쓰레기 더미를 담아. 다시 말해 달의 첫 번째 초상화는 그들이 오염시키고 있는 쓰레기 그림이야. 기가 막힐 노릇이지! 대신 암스트롱은 올드린에게 멋진 사진을 정말 많이 찍어줘. 아폴로 11호에 대해 검색했을 때 나오는 모든 사진들이 암스트롱이 찍은 거라고 봐도 무방해. 반면 버즈는 닐 사진을 겨우 몇 장밖에 안 찍어줘. 게다가 다리나 머리를 자르거나 뒷모습을 찍는 등 전부 비뚤어진 사진들이야. 딱 한 장만 제대로 나와.

누군가는 버즈가 자신의 '2인자 자리'를 그런 잘 못 나온 사진들로 복수하고 싶었다고 주장해. 하지만 우리는 그렇게 나쁘게 생각하는 사람들이 아니잖아? 버즈가 그랬을 리 없어.

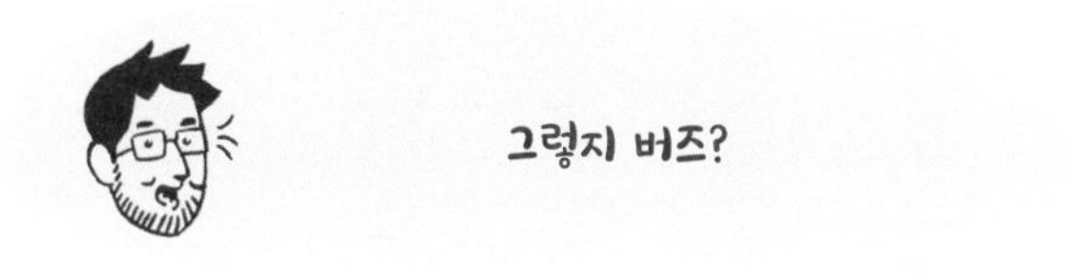

달에서 온
기념품

암스트롱과 버즈는 암석과 토양 샘플도 많이 수집해. 다양한 암석 샘플 무게만 20kg야. 측정기구들을 땅에 설치하고 마지막으로 국기를 꽂는데 잘 펼쳐지지가 않아. 그리고 그들이 예상했던 것보다 땅이 단단해서 그냥 되는대로 LEM 옆에 꽂아 버리지. 역사를 만들기 위해 중요한 건 어쨌든 국기를 꽂는 일이니까.

〈서기 1969년 7월, 여기 지구 행성에서 온 인간들이

달에 첫 발을 내디뎠다.

우리는 온 인류를 위해 평화로이 왔다.〉

달착륙선 사다리에 붙어 있는 금속 명판에 이렇게 적혀 있어. 그리고 이 명판은 이제 영원히 달 위에 남게 될 거야.

집으로 돌아가자

컬럼비아호에서는 고독한 콜린스가 그들을 기다리고 있어. 그동안 그는 문자 그대로 역사상 가장 고립된 인간이었지. 모든 사람으로부터 떨어져 달 뒤로 숨을 때에는 누구와도 소통할 수 없는 채로 말이지. 마이클은 그 일이 힘들지 않았다고 말할 거야. 따뜻한 커피가 함께 있어주었으니까. 이제는 두 사람이 그가 있는 곳까지 와야 해.

축축한 올드린이 먼저 LEM에 들어가. 어려움이 없었던 건 아니야. 망할 놈의 좁은 문! 두 사람은 촬영물과 암석 자루를 서로 건네줘. 이어서 닐도 날쌔게 사다리에 뛰어올라 LEM에 들어가. 더럽게 민첩한 암스트롱 같으니!

그런데 독수리를 다시 날게 하려면 무게를 가볍게 해야 해. 그들은 밖으로 배낭, 장화, 다양한 장비들 그리고… 똥과 오줌 봉투를 버려. 이것들은 낭만 파괴범들로 영원히 달에 남아 있을 거야.

이제 이륙 시동을 거는 일, 즉 다리는 달 위에 남겨둔 채 머리를 궤도로 보내는 일밖에 남지 않았어. 일련의 스위치를 가동하고 안전 제어판 개폐기가 '오픈' 상태인지 확인해야 해. 16번 제어판 둘째 줄에 있어. 올드린은 16번 제어판 두 번째 줄 쪽으로 몸을 돌려. 그리고…

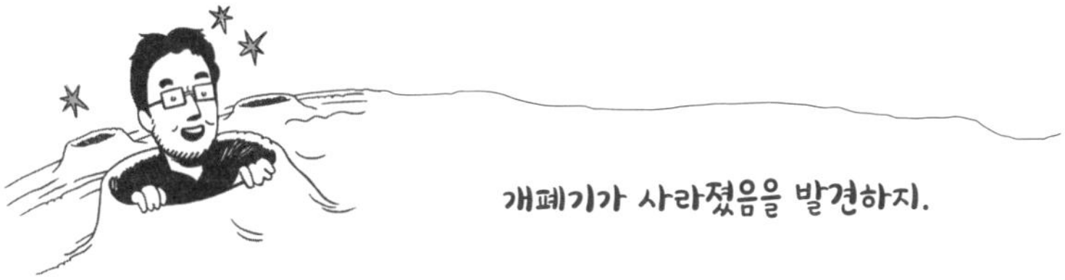

개폐기가 사라졌음을 발견하지.

그 자리에 시원한 구멍만 남아 있어. 플라스틱 부품은 없어졌고. 망가진 거야! 아마도 버즈가 실수로 꺾어버린 것 같아. 선실 공간이 정말 비좁거든.

닐과 버즈는 바닥에서 찾아보지만 사라진 플라스틱 조각은 나오지 않아. 이 사실을 휴스턴에 전달하자 누군가 침착한 목소리로 기다리라고 대답하며 라디오 교신은 얼마 동안 끊겨.

"닉슨 대통령께 연락해서 그 낭만적인 연설 준비하시라고 전해!"

달에서 축축한 올드린은 본인도 모르는 사이에 커다란 문제를 일으킨 거야. 하지만 민첩한 암스트롱에게 질 수는 없으니 해결 방법 또한 찾아내지.

그는 펜을 갖고 있어. 정확히 말하면 마커펜이지. 고독한 콜린스가 준 모양이야. 원래 올드린이 달착륙선으로 내려오기 전 컬럼비아호에 두고 왔어야 했는데 우주복 앞주머니에 넣고 잊어버린 거야. 휴스턴에서 해결책을 찾거나 닉슨 대통령의 담당 목사를 부르기도 전에 축축한 버즈는 마커펜 뚜껑을 제어판에 꽂고 개폐기를 제자리로 돌려놔.

다 해결됐어! 올드린에게 뜨거운 박수를.

휴스턴에는 이제 진땀으로 축축한 사람이 훨씬 늘어났어.

"닉슨 대통령께 전화해서 연설문을 다시 서랍 안에 넣으시라고 전해!"

다시 출발하는 과정에서 LEM의 엔진은 방금 꽂은 국기를 쓰러뜨려. 하지만 이 점만 제외하면 그때부터 일은 문제없이 잘 진행돼. 콜린스와의 재회와 195시간의 비행도 순탄하게 이루어져. 또한 임무 기간 동안 외부로부터 걸렸을지 모를 감염을 막기 위한 21일 간의 격리기간도 잘 통과해.

닉슨이 준비한 낭만적인 연설문을 읽는 일은 영원히 없을 거야. 그 임무에서도, 그 다음 임무 때에도. 그리고 버즈 올드린은 몸을 말린 후에 자신의 목숨을 구해준 그 마커펜을 영원토록 간직할 거야.

모든 것이 끝나고 아폴로 11호 임무로부터 50년이 흐른 지금 한 가지는 확실하게 말할 수 있어. 그건 냉정한 판단력과 더불어 엄청난 행운이 필요한 임무였다고. 그리고 예기치 못한 숱한 상황과 문제 그리고 실수에도 불구하고 민첩한 닐, 축축하게 젖은 버즈, 그리고 고독한 마이클은 달 착륙 당시 직면했던 그 '기술적 문제'들을 아주 기가 막히게 해결했다고 말이야.

그동안 콜린스는...
좋아, 닐과 버즈는 지금 달 위에 있고 한동안 거기에서 머물 거야.
시간 때우기로 뭐가 좋을까?
스타트렉 한 편을 볼 수 있겠군···!
아니다. 텔레비전이 없구나.
십자말풀이를 좀 해야겠다.
음··· 마커펜을 내가 어디다 뒀더라?
오예!!

결말

자, 이제 우리는 환상의 나라 여행 종점에 이르렀어. 얘들아, 어서 눈물 좀 닦자. 기쁜 마음을 이토록 극적으로 표현하는 건 반칙이야.

이 책을 통해 우주비행사가 얼마나 끔찍한 직업인지에 대해 조금이라도 눈을 떴기를 바라. 저기 우주에서는 멀미를 비롯하여 온갖 문제와 씨름하고 있는데, 지구에서 한다는 말은 고작 우리나라 속담에 집중하라는 어처구니없는 일 말이야.

이건 제정신이 아닌 남자 혹은 여자나 선택할 수 있는 직업이지! 그래, 여자 우주비행사도 있기 때문이야. 앞서 내가 한 명도 언급하지 않았기에 여자 우주비행사는 존재하지 않는다고 생각했을 수도 있어.

우주 걸파워!

가가린 이후 2년이 지난 1963년 6월 16일. 26세의 러시아 여성 낙하산 부대원 발렌티나 테레시코바Valentina Tereškova는 보스토크 6호 임무를 떠나 지구 궤도를 49바퀴 도는 데 성공해. 그 시절 미국 우주비행사들의 우주체류 시간을 합한 것보다 긴 시간을 우주공간에서 머물다가 3일 뒤에 지구로 귀환하지. 이때 그 비행의 실제 동기도 밝혀져. 미국은 남자 우주비행사만 선발했는데, 전부 군인 출신이었어. 그래서 소련은 민간인 여자도 우주로 보내지. 의도한 메시지는 제법 분명해. '우리 민간인 여자들이 전투하는 너희 남자들보다 낫다.'

소위 이런 선전 목적의 비행이었어. 그 시절 비행들이 종종 그러긴 했지만 이건 특별히 더 그랬어. 최초의 유인 로켓 우주 발사가 미국을 질투와 낙담으로 미치게 한 반면, 최초의 여성 비행사 발사는 뜻밖에도 쓸데없는 광고로 평가받아. 아마 미국 NASA가 최초의 우주비행사들을 선발할 때 여성은 조금도 고려대상이 아니었다는 사실이 크게 알려지기를 바라지 않았기 때문일 테지.

그리고 몇 년 동안 여성은 선발 고려대상에 계속 포함되지 않아. 지원자들을 검사하는 의료팀장이 35살 이하의 그리고 1,000시간 이상의 비행 경험과 남성 우주비행사와 동일한 시험을 통과할 수 있는 여성 열세 명을 찾았음에도 불구하고 말이지. 그 열세 명의 여성들이 우주를 비행하는 일은 결코 없을 거야. 당시 성 평등은 중요 사안이 아니었어. 왜냐고? 돌아온 가장 황당한 핑계는 NASA가 우주에서 그들이 소변을 보게 할 방법을 몰랐다는 거야.

남성들을 위한 기저귀와 깔때기는 간단한 일이다 이거야. 반면 여성들을 위한 건… 그렇지 않아. 풀 수 없는 수수께끼야. 그렇지만 내가 알기로 기저귀는 여자들도 찰 수 있는데? 우주선 내에서 사용되는 공기필터를 이미 다양한 형태로 설계한 경험이 있는 NASA의 천재 엔지니어 모두가 최소한의 수고로도 여성들에게 적합한 깔때기를 만들 방법을 찾을 수 있었을 거야. 내 말이 전혀 억지가 아닌 게 발렌티나 테레시코바가 3일 동안 오줌을 참았을 리가 없잖아.

그렇지만 분명히 말해둘 점은 소련이 공평한 기회에 대해서는 하나도 관심이 없다는 거야. 두 번째 여성 우주비행사는 발렌티나 이후 19년이 지나서야 나타난다는 사실이 이를 증명해주지.

왜 책에는 여성들이 등장하지 않을까?

슬프게도 1980년대까지 우주탐사가 시작된 20년 동안 여성 우주비행사는 한 손으로 꼽을 수 있어. 엄지, 중지, 약지와 새끼손가락이 부러진 손 말이야. 검지 하나면 충분해.

앞서 우리는 속담에 대해 이야기했지. 중국 속담일지도 모르겠는데 종종 언급되는 속담 중 이런 게 있어. '현자가 달을 가리키면 어리석은 사람은 손가락만 본다.' 그런데 우주 경쟁에서는 현명한 사람들이 손가락과 차별에 신경 쓰는 동안 어리석은 사람들은 달성해야 할 달만 바라본 거야.

우주를 비행한 최초의 미국 여성은 샐리 라이드Sally Ride로 1983년 6월 18일에 우주왕복선 챌린저호의 STS-7 임무에 참여해. 앨런 '마려워' 셰퍼드의 미국 최초 우주임무로부터 22년이 더 지났고, 달을 탐험한 아폴로 임무로부터 이미 10년 반이 지난 시점이지.

두 번째 소련 여성 우주비행사는 스베틀라나 사비츠카야Svetlana Savitskaya로, 1982년 8월에 우주정거장 살류트 7호Salyut 7로 날아가 우주에서 생활한 최초의 여성이 돼. 또한 그녀는 2년 후 살류트 7호에서 여성 최초로 우주유영을 하지. 소련은 미국이 캐서린 설리반Kathryn Sullivan이란 여성의 최초 EVA를 예고함에 따라 스베틀라나를 보낸 거야.

다행히 오늘날 여성 우주비행사는 더 이상 제외 대상이 아니야. 사만타 크리스토포레티Samantha Cristoforetti는 2014년 11월부터 2015년 6월 사이에 두 개의 기록을 세운 최초의 이탈리아 여성 우주비행사야. 그녀는 단일 비행에서 199일을 머물면서 우주체류기간 부문 유럽(남성과 여성) 기록과 세계 여성 기록을 세웠어.

그럼에도 불구하고 오늘날에도 우주를 비행하는 여성들은 전체 선발 인력의 10%에 불과해. 게다가 이 10%마저도 일이 항상 잘 풀리는 건 아니야. 예를 들어 2019년 3월 29일에는 여성 우주인(미국인 앤 맥클레인Anne McClain과 크리스티나 코흐Christina Koch, 그리고 지상에서 그들을 도운 캐나다인 크리스틴 파치올Kristen Facciol)으로만 구성된 최초의 역사적인 우주유영이 취소돼. ISS에 미디엄 사이즈 우주복이 충분하지 않다는 이유였지.

이런 문제들을 제외하면 여성 우주인의 수는 필연적으로 증가할 것으로 보여. 그러나 우리가 기대하는 이유는 아닐지도 몰라. 몇 십년짜리 장기 임무나 새로운 행성의 식민지화를 예상하며 여성 우주인과 남성 우주인의 형평성 이야기가 나오고 있어. 왜냐고? 그들에게는 빌어먹을 일이겠지만 남성들은 출산을 할 수 없기 때문이야.

늘 행복한 결말만 있는 건 아냐

여성 우주비행사에 대해 이야기할 때 언급되는 사람으로 크리스타 매콜리프Christa McAuliffe가 있어. '우주 선생님Teacher in space' 프로젝트 참가자로 선발된 37세의 과학 교사 크리스타는 우주임무에 참여한 최초의 교사야.

1986년 1월 28일 오전 11시 38분. 그녀가 탑승한 우주왕복선 챌린저호가 케이프커내버럴에서 이륙하는 동안 크리스타는 매우 흥분한 상태야. 곧 있으면 무중력 상태에서 두둥실 떠다니면서 정말로 과학 수업을 하게 될 테니까!

안타깝게도 크리스타는 그 수업을 끝내 하지 못할 거야.

우주선이 발사된 지 불과 73초 만에 소리보다 두 배 가까운 속도로 비행 중이던 우주왕복선 챌린저호는 로켓 부속품 결함으로 폭발하고 말아. 이로 인해 크리스타와 여섯 명의 동료가 운명을 달리하지. 뒤늦게 발견된 충격적인 사실은 해당 문제가 이미 나타난 적 있었으나 심각하게 받아들여지지 않았다는 점이야.

우주탐사에서 실수와 사고가 항상 좋은 결말을 맞이하지는 않아. 착륙 단계에서 낙하산이 제대로 펴지지 않거나 결함이 생긴다면 우주비행사는 살아남지 못해. 소유스 1호 임무 중 블라디미르 코마로프Vladimir Komarov에게 일어난 일이 바로 이거였지. 코마로프는 좁은 캡슐에 우주복 없이 세 비행사를 끼워 태운 보스호트 1호의 사령관이었어.

그런데 우주복도 입지 않은 세 사람을 우주선에 태워 보내면 밸브 하나가 잘못 열렸을 경우, 비행사들을 거시공동에 노출시키고 질식하게 만드는 사고가 일어날 수도 있어. 소유스 11호에 탑승한 게오르기 도브로볼스키Georgij Dobrovol'skij, 빅토르 파차예프Viktor Pacaev 그리고 블라디슬라프 볼코프Vladislav Volkov에게 일어난 것처럼 말이야.

반면에 작은 불씨가 산소통 하나만 폭발시키지 않는 경우도 있어.

1967년 1월 27일. '그럼 나는 타이타닉이라는 이름을 제안할게' 거스 그리섬은 '최초의 미국 EVA' 에드 화이트 그리고 신참 로저 채피Roger Chaffee와 함께 지상에서 훗날 진행될 아폴로 1호 임무에 대비하여 아폴로 우주선 시험 운전을 진행하고 있어. 통상적인 실험에 분위기가 어찌나 잠잠한지 구급대원도, 소방관도 보이지 않아.

그때 50km 길이의 캡슐 전선의 한 지점에서 절연이 덜 된 구리선 하나가 불씨를 일으켜. 그것도 산소로 가득 찬 공간에서. 지상 엔지니어들은 라디오를 통해 그리섬이 "불이야!"라고 외치는 소리만 들어. 그 뒤로 다급한 비명소리가 17초 동안 이어지지.

시간이 더 있었다 하더라도 우주비행사들이 도망갈 수 있는 가능성은 없었을 거야. 그 캡슐 모델은(사고 이후로는 변형되었지만) 우주선이 가압 상태가 아닐 때는 문을 안쪽으로만 열 수 있게 되어 있었어. 이들이 탈출하려면 적어도 90초가 더 필요했을 거야. 거스 그리섬은 문과 관련해서는 운이 정말 안 좋았지.

세 조종사의 이름은 우주 경쟁 데뷔 무대에서 사망한 다른 열한 명의 이름과 함께 위패에 새겨져 알루미늄으로 만든 우주비행사 미니어처 곁에, 비의 바다Mare Imbrium(달의 평원 지대—옮긴이) 화구에 안치되어 있어. 짐 러벨이 착륙했어야 할 바로 그 곳, 비의 바다에.

위패를 거기까지 운반한 사람은 1971년 아폴로 15호의 사령관 데이비드 스코트David Scott야. 그는 아무에게도 말하지 않고 비밀리에 두 물건을 장비 사이에 숨겨서 가져가. 이는 국적과 상관없이 희생자들의 용기에 그가 경의를 표현하는 거였어. 위패에 새겨진 열네 개 이름 중 여덟 사람만 미국인이기 때문이야. 나머지는 가가린(비행 사고로 사망), 코마로프 그리고 다른 러시아 우주비행사 네 사람이야.

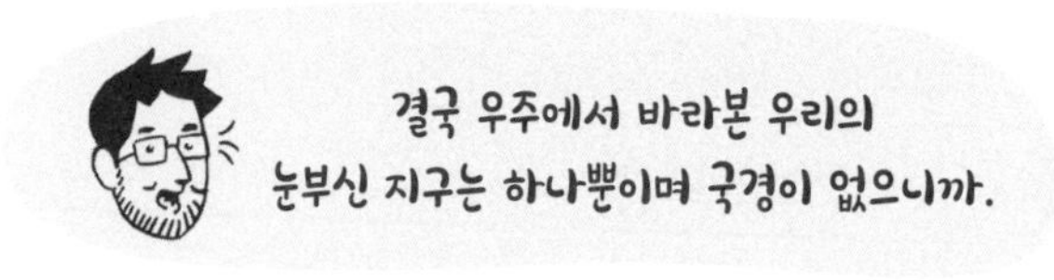

오늘날 케이프커내버럴에는 아폴로 1호 대원들과 우주탐사에 생명을 희생한 서른 명이 넘는 다른 우주비행사들을 기리는 위패가 두 개 더 있어.

첫 번째에는 이렇게 기록되어 있어.

'다른 이들이 별에 이를 수 있도록
자신의 마지막을 희생한 이들을 기억하며
Ad astra per aspera
(역경을 헤치고 별을 향하여)
아폴로 1호 대원 여러분 즐거운 여행이 되기를.'

두 번째 위패에는 사고 날짜, 시간 그리고 조종사 세 명의 이름 외에 이렇게 새겨져 있어.

'인류의 마지막 경계를 부단히 탐구하기 위해
자신의 생명을 국가에 바치다.
이들이 맞이한 죽음 때문에 기억되지 않고
이들이 좇은 이상 때문에 기억되기를.'

무엇이 이런 일을 하도록 만들까?

우주비행사는 한마디로 무모한 사람들을 위한 직업이야. 자기 집 소파에 편히 앉아 돈과 수고도 아끼고 노후 자금 마련에 투자하는 대신 도대체 왜 생명의 위협을 감수하는 걸까?

많은 사람들이 한 번쯤 떠올린 질문이야. 그리고 아마 네오 너도 스스로 되물은 주제겠지. 이들은 어떤 목표를 갖고 있길래 우주에 가서 토하기 위해 모든 걸 걸게 만드는 걸까?

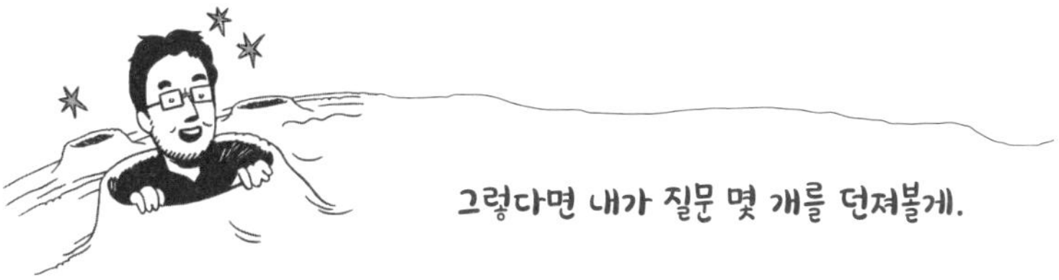

왜 아기는 기어 다니며 때로는 다치기도 하면서 자신을 둘러싼 환경을 탐험하고 싶어 할까? 왜 시인은 글을 쓰고, 화가는 그림을 그리며 음악가는 작곡을 할까?

무엇이 호모 에렉투스로 하여금 아프리카를 떠나게 한 걸까? 무엇이 과거 탐험가들로 하여금 목숨 걸고 거친 대양을 항해하며 미지의 땅으로 나아가도록 한 걸까?

호기심, 상상력, 새로운 지식과 발견에 대한 갈망. 뇌에서 멈추라는 신호를 보내도 도저히 무시할 수 없는, 미지를 향한 초대. 단테 알리기에리Dante Alighieri는 이런 사람을 '동물적인 존재로 살도록 창조되지 않은' 사람이라고 표현했지.

지구는 인간이 진화하는 것을 보았고 민족들이 서로 전쟁하며 파괴하는 모습을 보았어. 또한 미래를 생각하지 않고 자신의 터전을 망가뜨리는 실수도 목격했지. 하지만 그 인간에게서 시간에 맞선 건축물, 위대한 발견, 평화동맹이 탄생하는 것도 보았어. 그를 땅에 묶어놓은 법에 맞서 야심적인 첫 비행에 도전하는 모습도 지켜봤지.

지구는 우리의 포근한 요람이 되어주었어. 하지만 영원히 요람 속에 머무를 수는 없어. 밖에 무엇이 있는지 발견하려면 언젠가는 거기를 떠나야 해.

두 나라 간 경쟁의 표징으로 시작되긴 했지만, 미지를 향한 여행은 혼자서 맞설 수는 없어. 우주비행사들은 이 사실을 정말 잘 알고 있지. 저 높은 곳에서는 말 그대로 모두가 한 배를 타는 거니까.

1969년 7월 21일, 닐 암스트롱이 미국이 아닌 인류에 대해 말한 건 결코 우연이 아니야.

“이 한 걸음은 한 인간에게는 작은 걸음이지만 인류에게는 커다란 도약이다.”

물론 그는 별과 줄무늬가 그려진 깃발을 꽂아야 했어. 그리고 우주 경쟁은 무기 전쟁처럼 실제 전쟁에서 탄생했지. 하지만 새로운 세계 탐험의 이름으로 경쟁할 때에는 가장 멍청한 사람도 그 비밀을 금방 이해할 수 있어.

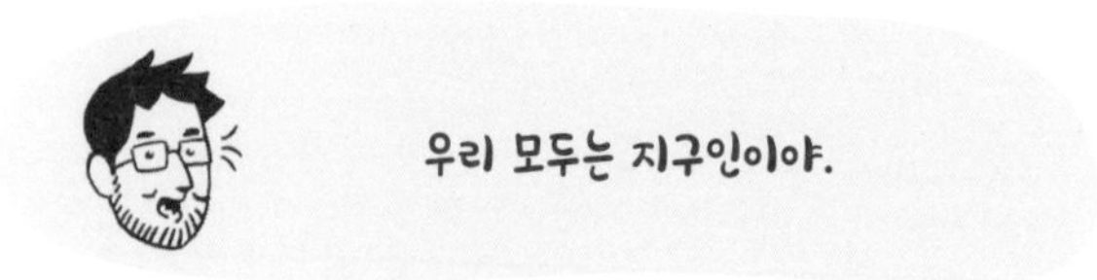

우리 모두는 광활한 우주 속에 고립된 파란 공 위에 살고 있어. 우주에게는 특별한 행성이 아닐지 몰라도 우리에게는 소중한 곳이지. 달과 행성, 다른 별들 그리고 깊은 우주를 향해 눈을 돌릴 때 마지막에는 항상 우리 시선이 다시 지구로 향해. 또한 우리는 지구가 한없이 약하다는 사실도 발견하지. 우리가 그렇게 만들 때가 대부분이지만.

만약 우주를 탐험하길 원한다면 우리 집인 지구를 가꾸는 데 더 신경을 써보면 어떨까? 다가올 미래에는 거주할 수 있는 다른 세상들이 있는 게 아니야. 우리가 방문은 할 수 있겠지만 아직 거주할 수는 없을 테지.

결국에 네오 너에게 내가 거짓말을 했어. 우주비행사의 꿈을 포기하게 하려고 이 책을 쓴 게 아니야. 수많은 위험에도 불구하고 우리 한 사람 한 사람은 아마 도전하기를 원할 거야.

왜냐고? 물론 우주가 우리에게 들려줄 이야기들을 발견하기 위해서. 하지만 우리가 누구인지를 알기 위해서, 그리고 우리 존재가 영원하지도 그리고 그렇게 중요하지도 않다는 걸 느껴보기 위해서야. 스스로 약한 존재임을 아는 것이 때로는 자신의 집을 구하고 살아남을 수 있는 유일한 길이니까. 수많은 집들을 찾아낼 그날을 기다리며.

네오야, 좋은 꿈꾸기를. 그리고 환상의 나라에서 즐거운 탐험이 되기를.